Bernhard Schweizer
BUSINESS-ROCKER

Bernhard Schweizer
BUSINESS-ROCKER

Dienstleistungsorientiertes Handeln
Gewinnorientiertes Wirken

ORGANISATIONSENTWICKLUNG
GANZHEITLICH ODER GAR NICHT

Co-Autor: Holger Schaeben | www.schaebenschreibt.ch

Impressum

Bibliografische Information der
Deutschen Nationalbibliothek: www.dnb.de.

© Stämpfli Verlag AG, Bern,
www.staempfliverlag.com · 2015

Co-Autor: Holger Schaeben
Lektorat: Sabine Kloske
Korrektorat: Stämpfli AG, Bern
Gestaltung, Grafiken und Satz: Christoph Niermann
Fotos: Oliver Tjaden

ISBN 978-3-7272-1445-5

printed in
switzerland

«Es gibt zwei wichtigste Tage in deinem Leben: Der Tag, an dem du geboren wurdest, und der Tag, an dem du herausfindest, warum.» *Mark Twain*

Inhalt

Vorbemerkung des Co-Autors Holger Schaeben 8

Geleitwort: Klaus Kobjoll 10

TEIL I – GAST FREUND SCHAFT

Holger Schaeben über Bernhard Schweizer

Der Optimist 16

Der Schweizer 19

Der kein Berater ist 21

Der Wandler 23

Der Förderer 27

Der Gastfreundschaftliche 32

Der Ganzheitliche 34

Der Authentische 38

TEIL II – UMFASSEND WIRKSAM ENTWICKELN

Bernhard Schweizer über

Organisationsentwicklung – theoretisch

Grundsätzliches in zehn Sätzen

    Meine «Big Ten» 48

Auf allen Ebenen: gemeinsam

umfassend entwickeln 98

Der 360°-Blick: Organisationsentwicklung –

ganzheitlich oder gar nicht 100

Woher? Wohin? Wozu? Vom Potenzial zu den

Möglichkeiten 111

Take five: die fünf Schlüsselfaktoren für den Wandel –
    Person, Perspektiven, Prozess, Paradigma, Potenzial 116
1. Person: Alles beginnt beim ICH 118
2. Perspektiven: Es geht ums Ganze 120
3. Prozess: die Choreografie des «Chaos» 126
4. Paradigma: der prozessorientierte Wandel 139
5. Potenzial: vom Status QUO zum Status QUAlität 155

TEIL III – ANSTOSSEN BEWEGEN ROCKEN
Bernhard Schweizer über
Organisationsentwicklung – praktisch

Money for value: Dienstleistung im Dienste
    des Wachstums 164
PAAAAAArtitur: Anspruch, Aufgabe, Absicht,
    Anfang, Anwendung, Auswirkung 169
Du hast es in der Hand: eine Metapher über
    den Sinn von Pfeil und Bogen und die
    Daseinsberechtigung eines Ziels 173

Epilog des Co-Autors – oder ein Anfang am Ende 188
Bernhard Schweizer biografisch 194
Dank an 200
Quellenverzeichnis und Anmerkungen 206
Literaturanhang 214

Vorbemerkung des Co-Autors
Holger Schaeben

Glauben Sie wirklich, dass Sie es hier mit einem normalen Sachbuch zu tun haben? Eines, dem sie blind vertrauen können, weil es von jemandem geschrieben wurde, der vorgibt, zu wissen, wo es langgeht; dem Sie mit verbundenen Augen folgen werden; dem Sie einfach nur hinterherlaufen müssen?

Dann schliessen Sie dieses Buch sofort. Kaufen Sie sich ein anderes. Bernhard Schweizer ist kein Vorturner, keiner dieser typischen Unternehmensberater, die kommen und gehen; keiner dieser zahlreichen Coaches oder Trainer und schon gar kein Guru. Vergessen Sie es.

Aber vergessen Sie dabei bitte nicht, dass Sie bestimmt einen guten Grund hatten, warum Sie ausgerechnet nach diesem Buch gegriffen haben.

...

Aha, Sie haben weitergelesen! Das ist gut. Sie wollen es genau wissen – richtig? Sie sind ein Suchender? Sie wollen wissen, warum es gleich am Anfang dieses Buches so radikal unüblich zugeht, und wie es weitergeht. Genau das wollen Sie jetzt herausfinden.

Wie immer Sie in die Buchhandlung oder den Onlineshop geraten sind, was immer Sie nach diesem Buch hat greifen oder klicken lassen: Irgendetwas oder irgendjemand wollte Sie prüfen. Prüfen, ob Sie ein Suchender sind, ein Veränderungswilliger, ein Entwicklungsbereiter. Jemand, der neugierig ist, auf ganzheitliche Organisationsentwicklung und auf den Mann mit dem ganzheitlichen Blick.

An dieser Stelle ein pragmatischer Hinweis an den Leser: Sie können den 1. Teil (GAST FREUND SCHAFT) überspringen und gleich zum 2. Teil (UMFASSEND WIRKSAM ENTWICKELN) übergehen. Im Sinne der Ganzheitlichkeit rate ich davon ab. Ganzheitlich oder gar nicht.

Geleitwort: Klaus Kobjoll

Zuerst war da nur diese Webadresse, gastfreundschaft.ch, sie hat mich als Hotelier und Referenten angesprochen und motiviert, mich auf das Manuskript des Werkes überhaupt einzulassen. Schon bald habe ich festgestellt, dass der Autor dem Begriff der «Gastfreundschaft» eine vielschichtigere Bedeutung beimisst, sieht er sich doch als Unternehmensentwickler als «Gast» in der zu coachenden Firma, als «Gastarbeiter» im besten Sinne des Wortes, der nur durch Integration und ein Sicheinlassen auf die kollektive Intelligenz des Unternehmens den Wandel anstossen kann, wie es ein «Externer» so nie schaffen würde. Eine Philosophie, die mir sehr entspricht, kann doch nur durch Integration und Glaubwürdigkeit bei Mitarbeitern und Teams jene Begeisterung geweckt werden, welche es braucht, um aus einer schlichten Firma ein Perpetuum mobile des Erfolgs zu schaffen.

Dann war da auch dieser Titel «Business-Rocker», er hat eine andere Seite in mir zum Klingen gebracht, die ich schon zu Anfangszeiten meiner unternehmerischen Tätigkeit gerne und mit viel Freude bespielt habe, nämlich die des Totaleinsatzes für die Sache – und das auch mit unkonventionellen Mitteln, wenn es denn sein muss. Und so liegen unsere Überzeugungen «Unternehmen sind Abenteuerspielplätze für Erwachsene» versus «Das Business muss rocken» gar nicht weit auseinander. Beide sind wir keine Anhänger der Methode «sit and listen». Wenn Schweizer davon spricht, dass Rock ein Wachmacher, Bewegung, Rhythmus ist, dass man die Menschen «wachrütteln» muss, um ihre Potenziale aufzudecken, dann bin ich ganz bei ihm.

Und deshalb habe ich dann das Manuskript in einem Zuge gelesen und mit wachsender Genugtuung festgestellt, dass die Samenkörner des Dienstleistungsgedankens, der Herzlichkeit, des Fleisses, des ständigen Querdenkens und Erneuerns, welche ich seit bald vierzig Jahren in die Erde einpflanze, zunehmend Früchte tragen und in diesem Buch in einem integralen, ganzheitlichen Entwicklungsansatz für jeden am positiven Change Interessierten optimal und in nachvollziehbaren Prozessschritten erläutert werden.

Jedem, der eine erfolgreiche Organisationsentwicklung anstossen möchte, sei dieses Buch wärmstens empfohlen.

Klaus Kobjoll, Nürnberg im Juni 2015

Teil I

UMFASSEND
WIRKSAM
ENTWICKELN

ANSTOSSEN
BEWEGEN
ROCKEN

GAST
FREUND
SCHAFT

Holger Schaeben über Bernhard Schweizer

DER OPTIMIST

Bernhard durfte ich kennenlernen, weil er ein Buch schreiben wollte, wozu er mich um Unterstützung bat. Bernhard musste Optimist sein. Schon vor unserem ersten Treffen habe ich ihn so gesehen.

Ich glaube, nur Optimisten sind in der Lage, Bücher zu schreiben. Es ist doch so: Zuerst glaubst du, du wirst das Buch schreiben. Dann glaubst du, du wirst es bis zu Ende schreiben. Weiter glaubst du, dass es veröffentlicht wird. Und schliesslich hoffst du, dass es jemand liest. Und zu guter Letzt gehst du auch noch davon aus, dass andere dein Buch verstehen werden und dass es etwas verändern wird. Viel mehr Optimismus kann man wohl kaum an den Tag legen.

Es ist gut, an sein eigenes Buch zu glauben. Wer an ein Buch glaubt, glaubt an etwas, dass es noch nicht gibt. Er glaubt auch, dass sein Text, den es noch nicht gibt, etwas bewirken kann. Er glaubt daran, dass es Menschen geben wird, die für die Worte empfänglich sein werden. Und indem er das alles glaubt, glaubt er vor allem an das, was er tut. Er hat Vertrauen in sein Schaffen, in sich selbst. Er hat Selbstvertrauen. Aber was wäre Selbstvertrauen ohne Optimismus?

Die folgenden Zeilen habe ich schon vor langer Zeit aufgeschnappt und festgehalten. Sie sind für mich wie ein Bild, das ich immer wieder betrachten kann, das mich anspricht und mir etwas sagt. Ich habe die Zeilen für Bernhard wieder hervorgeholt. Sie sind von Kurt Marti[1]:

«Wo kämen wir hin, // wenn alle sagten, // wo kämen wir hin, // und niemand ginge, // um einmal zu schauen, // wohin man käme, // wenn man ginge»

Eigentlich sollte sich jeder diesen Satz hinter den Spiegel klemmen. Ganz einfach, weil er wie eine Medizin gegen den Zweifel wirkt. Weil er Vertrauen in die Zukunft gibt. Weil er sagt, dass man nichts unversucht lassen sollte. Weil er Mut macht.

Wir versagen uns viel zu oft, Dinge zu tun, die wir eigentlich tun wollen. Warum hören wir nicht auf unsere innere Stimme? Warum geben wir dem Impuls nicht nach? Warum folgen wir nicht dem, was uns innerlich bewegt? Warum nicht? Weil wir Angst haben. Angst. Menschen haben Angst vor der Bewertung durch andere Menschen. Im Privaten wie im Beruf. Privat fürchten wir die Beurteilung durch Freunde, durch die Familie, durch Fremde, durch die Gesellschaft. Im Berufsleben fürchten wir uns vor der Bewertung durch den Chef oder durch Kollegen. Die Angst hält uns fest. Aus lauter Sorge, wir könnten etwas falsch machen, bewegen wir uns nicht vom Fleck. Wir fallen in eine Art Starre. Aus Angst vor dem Neuen. Aus Angst vor Veränderung. So ersticken wir jede Chance einer neuen Entwicklung im Keim.

Wo aber kämen wir hin, wenn wir alle so ticken würden? Wahrscheinlich nicht mal bis zur nächsten Strassenecke.

Ja, wo kämen wir denn hin, wenn wir Bestehendes einfach infrage stellten? Ja, sagt Kurt Marti, wo kämen wir hin? Eigentlich haben wir nur eine Möglichkeit, das herauszufinden: Wir müssen hin – gehen. Hingehen, um nachzuschauen, wohin wir kämen, wenn wir gingen.

Und wenn wir uns dann ein Herz gefasst haben und losgehen, müssen wir damit rechnen, dass sich uns ganz sicher wieder die Angst in den Weg stellen wird. Die Angst vor der Verschlechterung, dem Misserfolg, der Blamage. Sie nährt den Zweifel. Sollten wir nicht doch besser da bleiben, wo wir sind? Festhalten an dem, was wir haben?

Nein! Denn durch Festhalten wächst kein Vertrauen. Wir müssen loslassen. Vertrauen ist eine Stärke, die in uns wohnt. Sie kann die Angst nicht ausschalten, aber niederkämpfen. Darauf können wir uns verlassen.

Wir haben uns lange damit beschäftigt, wie Bernhards Buch werden soll. Sicher waren wir uns nur in einem Punkt: Es sollte kein gewöhnliches Sachbuch werden; es sollte etwas Besonderes werden. Also haben wir losgeschrieben, um zu schauen, wohin wir kämen, wenn wir schrieben. So ist etwas Aussergewöhnliches entstanden. Ein unorthodoxes Sachbuch. Ein Sachbuch, das eine Sache in den Mittelpunkt stellt und dabei den Menschen, der diese Sache zu seiner gemacht hat, vorstellt: Bernhard Schweizer.

DER SCHWEIZER

Die Marke Schweizer gibt es streng genommen erst seit 2003. Ihre Wurzeln reichen allerdings weiter zurück. Anfang der 1970er Jahre tun sich zwei nicht mehr ganz junge Schweizer zusammen. Aus dieser einmaligen Verbindung geht ein ebenso einmaliges Produkt hervor: der kleine Bernhard.

Die Eltern Schweizer beweisen bei der Namensgebung ihres Fabrikationsergebnisses besondere Weitsicht oder besondere Heimatverbundenheit. Oder beides. Das wird sich erst später klären.

Jedenfalls Bernhard. Löst der Name bei einem Bürger der Bundesrepublik Deutschland heutzutage allerhöchstens Mitgefühl aus, weckt er bei einem Schweizer heute wie damals starke Heimatgefühle. Man muss einen Namen eben im geografischen Kontext betrachten.

In Deutschland gilt Bernhard als altmodisch, also weit entfernt vom Heute. In der Schweiz spielt das wohl eher keine Rolle. Einem Schweizer gesteht man noch das Patriotische zu, also die Nähe zum Gestern, zum Althergebrachten.

Offensichtlich war den Eltern Schweizer das alles wurscht oder sie waren clever und hatten einen Plan. Man könnte den Eltern Schweizer auch zugute halten, dass es noch kein Internet gab, als sie ihrem No-Name-Produkt einen Namen gaben. Hätten sie die Möglichkeit einer schnellen Onlinerecherche nutzen können, hätten sie vermutlich entdeckt, dass den Namen Bernhard ausserhalb der Schweiz kein Kind mehr tragen sollte. Aber was interessiert schon einen Schweizer, was ausserhalb der Schweiz vorgeht? Ob mit oder ohne Internet.

Rückblickend ist der 8.11.1971 als die Geburtsstunde der Marke Schweizer anzusehen. Von ihrer zukünftigen Form kann aber noch keine Rede sein. Die steckt noch in den Kinderschuhen, Grösse 17.

Und was steckt im kleinen Bernhard? Ungewiss, ungewiss. Nur der Name muss an dieser Stelle nochmals betrachtet werden: Bern hard. Haben wir doch längst gemerkt. Bern – nicht die grösste Stadt der Schweiz, aber deren Hauptstadt. Bernhard Schweizer. Mehr Schweizer geht einfach nicht.

DER KEIN BERATER IST

Um dieses Bernhard-Kapitel schreiben zu können, versetzte ich mich im Nachhinein noch mal in unsere Gesprächssituation und nahm erneut in einem der dicken Lederpolstersessel des Hotels Widder im schönen Zürich Platz, wo wir uns anlässlich unseres Kennenlernens zum ersten Mal getroffen hatten. Wir sassen in der Bibliothek; entweder entspannt zurückgelehnt und angeregt plaudernd oder tief nach vorne gebeugt, um die Kekse oder die Cappuccinotassen auf dem sehr niedrigen Tischchen vor uns erreichen zu können. Wir waren bester Laune. Die Stimmung zwischen uns war genauso blau, wie der Himmel über Zürich an diesem Januarmorgen zürichhaft blau war. Dazu strahlte hell die Sonne. Bernhard strahlte auch.

Zu meiner Überraschung trug er keinen feinen Zwirn. Ich hatte einen Anzugträger erwartet. Eine Beraterfigur, wie man sie sich vorstellt. Bernhard trug casual und einen Schweizer Dialekt. Letzteres hatte ich erwartet und wurde wenigstens darin bestätigt. Aber das war es dann auch.

Einige Minuten verweilten wir in der Small-Talk-Phase. Dann suchte ich den Einstieg ins Businessgespräch. Ich nannte ihn Unternehmensberater. Kurz verfinsterte sich seine Miene, als hätte ich ihm ein Schimpfwort an den kahlen Kopf geworfen. Sofort wieder freundlich, aber bestimmt, machte er mir klar, dass er kein Unternehmensberater sei, sondern Organisationsentwickler. Meine Vorstellungen davon, was ein Organisationsentwickler sein könnte, waren zu diesem Zeitpunkt leider noch sehr beschränkt.

Unternehmensberater und Organisationsentwickler hätten wenig gemeinsam, ausser, dass beide vorrangig in der Wirtschaft tätig seien, erklärte er mir.

«Organisationsentwickler analysieren und planen die Organisationsstrukturen eines Unternehmens.» Punkt. Mehr sagte er dazu nicht. Noch nicht.

Am Ende unseres Gespräches hatte ich ein neues Wort kennengelernt: Organisationsentwickler – und eine neue Bekanntschaft gemacht: Bernhard Schweizer.

Was ist mir nach unserem ersten Treffen ausser einem Wort mit sage und schreibe neun Silben noch in Erinnerung geblieben? Bernhards Statur. Seine Grösse, die ich auf mindestens eins neunzig schätzte. Sein Dialekt, der unverkennbar schweizerisch ist. Sein Kopf, der kahl ist. Grosse Ohren. Und dann war da noch sein Bart. Ein Rund-um-den-Mund-Bart. Ein Henriquatre, wie ich später irgendwo nachlas. Am besten passe der Henriquatre zu grossen, nicht allzu runden Köpfen, stand dort geschrieben. Ja, gross ist ganz sicher ein Wort, das zu ihm passt. Ich empfand sofort grosse Sympathie für ihn.

DER WANDLER

Montag. Aber nicht irgendein Montag, sondern Rosenmontag. Eine Stadt in Nordrhein-Westfalen. Aber nicht irgendeine Stadt, sondern Köln. Diese Stadt ist weit entfernt vom Normalbetrieb. Ein Wunder, dass noch Flugzeuge starten und landen. Aber der Flughafen ist ja auch noch weit entfernt vom Stadtzentrum.

Ein Schweizer. Aber nicht irgendein Schweizer, sondern Bernhard Schweizer. Berater? Eher ein Begleiter. Und schon gar kein Unternehmensberater. – Himmel! Wäre er sonst am Rosenmontag nach Köln geflogen?

Bernhard Schweizer liebt seinen Beruf. Auch wenn nicht wenige in ihm fälschlicherweise einen Unternehmensberater sehen. Vielleicht, weil sie es nicht besser wissen.

Bernhard ist jedenfalls kein Unternehmensberater, sondern Organisationsentwickler. – Unternehmensberater? Coach? Trainer? Consultant? Organisationsentwickler? – Ein Dilemma? Irgendwie schon. Denn was ein Berater ist, lässt sich ja schon schwer erklären. Kein Wunder also, dass Bernhard immer wieder in Erklärungsnot gerät, wenn ein Aussenstehender nach seinem Beruf fragt, wissen will, was ein Organisationsentwickler ist beziehungsweise was dieser macht. Und: Wie soll man jemandem dazu noch erklären, warum ein Organisationsentwickler ausgerechnet am Rosenmontag zu einem Kundentermin fliegt? Dazu nach Köln.

In der Stadt fliegen bunte Kamellen und Konfetti auf Karnevalisten und farbenfrohe Kostüme. Alles Verrückte?

Alles normal für den, der den Karneval kennt. Der normale Mensch braucht den Karneval, behauptet der Kölner Psychotherapeut Wolfgang Oelsner, der den Karneval sehr gut kennt. Er erforscht seit Jahren die Psychologie des jecken Treibens. Er gilt als Karnevalsexperte. Man nennt ihn hier sogar den Karnevalsphilosophen. Er nennt den Karneval «eine grandiose Reduzierung und Vereinfachung der Welt», die der Mensch brauche «als andere Begegnung mit dem Alltag».[2] Karneval also als Flucht aus der komplexen Erwachsenenwelt?

Fluchtgedanken hat Bernhard auch gerade. Denn Karneval ist eigentlich so gar nicht sein Ding. Aber dann hält ihn, neben seinem Kundentermin, ein interessanter Gedanke fest: Karneval ist ein Wendefest. Der karnevalistisch-orientierte Mensch switcht am Donnerstag vor dem langen Karnevalswochenende vom Alltagszustand in den Ausnahmezustand. Fünf Tage taumelt er zwischen höchster Glückseligkeit und ascheschwarzem Abgrund. Denn gewiss ist: Der Aschermittwoch, an dem alles vorbei sein wird, kommt garantiert. Es ist der Tag, an dem die Karnevalistenseele wieder zurück von Ausgelassenheit auf – im wahrsten Wortsinn – nüchterne Realität schalten muss. Das Fest ist vorbei.

Hätte Bernhard nicht ausgerechnet am Rosenmontag Kölner Boden betreten, hätte er sich die weiteren Gedanken wahrscheinlich gar nicht gemacht. Köln sei Dank. In Köln sah er plötzlich eine Möglichkeit, wie er seinen Job in Zukunft grandios vereinfacht erklären könnte. Dort ist ihm klar geworden, dass seine ganze Tätigkeit im Ergebnis nichts anderes ist als nachhaltiger Karneval. – Ja, Sie lachen. Mit Recht. Und er sagt es deshalb mit einem deutlichen Augenzwinkern und hat – heureka – die einfache Erklärung:

Das zentrale Thema seines Schaffens ist die Wendung, der Wandel durch Veränderung zur Entwicklung. Und das Ziel am Ende lautet stets: mehr Kompetenz in puncto Dienstleistung und Dienstleistungsmanagement. Und dieses Ende ist nicht wie im Karneval der Tag, an dem alles vorbei ist. Es ist der Tag, an dem alles anfängt. Ab diesem Tag beginnen vormals kundendesorientierte und kundenuninteressierte Mitarbeiter, ihre neu entdeckte Fähigkeit, sich leidenschaftlich kundenorientiert und gastfreundschaftlich zu geben, selbstständig umzusetzen. Denn sie haben sich gewandelt. Und jeder Kunde wird fortan bei jedem Kontakt mit einem Repräsentanten dieses Unternehmens echte Dienstleistungskompetenz erleben und diese positiv erinnern. Und zwar nachhaltig.

Denn anders als beim zeitlich begrenzten Karneval, der genau genommen ein doppeltes Wendefest ist, führt bei Bernhards Methode kein Weg zurück in ursprüngliche Verhaltensmuster. Am Ende der tollen Tage muss sich der Jeck wieder zurückverwandeln, er muss sein Kostüm ablegen und wieder normal sein.

Nicht so bei Bernhard. Der Mitarbeiter, der seine bis dato kontraproduktiven Verhaltensweisen dem Kunden gegenüber abgelegt hat, wird seine neuzugelegte Fähigkeit ab sofort mit Überzeugung tragen. Er wird sie als neue Normalität akzeptiert haben und wie selbstverständlich leben. Denn nun sieht er einen Sinn in seinem Tun, der darin besteht, dass er seinen Kunden Glück oder Freude oder Erfolg oder Zufriedenheit oder alles zusammen beschert.

Und was ist mit Bernhard? Durch diese denkwürdige Rosenmontagserfahrung weiss auch er jetzt genau, was er den lieben langen Arbeitstag Sinnvolles macht.

Ich frage mich trotzdem: Warum versteht man sich selbst oft erst, wenn man sich anderen erklärt?

DER FÖRDERER

Nicht ganz zufällig beschäftigen sich einige Menschen, die sich auf den Feldern Erfolg, Karriere und Wirtschaft besonders gut auszukennen meinen, mit dem Begriff Charisma und dessen Bedeutung. Karriereberater zum Beispiel. Dem Charisma wird nämlich überall dort ein hoher Stellenwert zugeschrieben, wo die Wirkung von Botschaften über den Erfolg mitentscheidet, etwa im Berufsleben. Charisma steht deshalb ganz oben auf der Liste der sogenannten Soft Skills, zum Beispiel bei Personalleitern.

Soft Skills sind 1:1 übersetzt die «weichen Fähigkeiten» einer Person. Für die Qualität der Soft Skills ist nicht der Intelligenzquotient (IQ), sondern der Grad der emotionalen Intelligenz (EQ) zuständig. Emotionale Intelligenz verleiht einem Menschen zum Beispiel die Fähigkeit, auch zwischen den (gesprochenen) Zeilen zu lesen – und zu kommunizieren.

Wichtig in der Alltags- und Berufskommunikation ist nämlich nicht allein was gesagt wird, sondern wie es gesagt wird (Tonfall, positive/negative Wortwahl, Verhalten, Körpersprache und – Randbemerkung – auch regionale Färbung, sprich Dialekt).

Im folgenden finden Sie die wichtigsten Soft Skills auf einen Blick:[3]

→ Persönlichkeit (Charisma)
→ Vertrauenswürdigkeit
→ Urteilsvermögen

- → analytisches und logisches Denken
- → Empathie (Mitgefühl)
- → Einfühlungsvermögen
- → Menschenkenntnis
- → Durchsetzungsvermögen
- → Selbstbewusstsein
- → Kreativität
- → Kampfgeist
- → Teamfähigkeit
- → Integrationsbereitschaft
- → Neugier
- → Kommunikationsverhalten
- → (psychische) Belastbarkeit
- → Umgangsstil, Höflichkeit
- → Rhetorik, Redegewandtheit
- → Motivation, Fleiss, Ehrgeiz
- → Verhandlungsführung
- → Kritikfähigkeit
- → Koordinationsgabe, Fähigkeit, Prioritäten zu setzen
- → Stressresistenz
- → Selbstbeherrschung
  (z.B. Beherrschung von Lampenfieber)
- → Selbstdarstellung
- → Fähigkeit, Konflikte und Misserfolge zu bewältigen
- → Eigenverantwortung
- → Zeitmanagement
- → Organisationstalent

Bleiben wir beim Top-Soft-Skill Charisma. Ist Charisma angeboren oder angelernt? Monika Matschnig, Psychologin und Autorin zahlreicher Ratgeber sagt: «Charisma kann man weder wie ein neues Kostüm erwerben, noch kann man es erlernen wie eine Schauspielerrolle.»[4] Matschnig ist Expertin für Körpersprache: «Es kommt von innen heraus und muss sich selbst entfalten.»

Fachleute bringen den Begriff Charisma mit bestimmten Eigenschaften in Verbindung, über die man als Charismatiker verfügen sollte:

→ Eigenliebe (nicht Selbstverliebtheit!)
→ Selbstbewusstsein (erkennen, was man kann)
→ Lebenssinn (Warum tun wir, was wir tun?)
→ Interesse (an anderen und am Leben)
→ Bewegung (Körper und Geist bewegen)
→ Reichtumsbewusstsein (nicht materieller Reichtum!)
→ Ausdruck (Kommunikation und Habitus)

Auf eine Eigenschaft möchte ich im Zusammenhang mit Bernhards Tätigkeit näher eingehen: Lebenssinn. Worin sehen wir den Sinn unseres Daseins? Kennen wir den Sinn unseres Handelns? Warum tun wir, was wir tun? Fragen, die wir uns stellen und denen wir uns stellen sollten. Warum arbeite ich in diesem oder jenem Job? Welchen Sinn sehe ich in meinen Aufgaben, in meinem Tun? All das sind Fragen, deren Beantwortung im Zentrum der Arbeit Bernhard Schweizers stehen. Dass er sich damit intensiv beschäftigt, macht sein Charisma sicher nicht alleine aus. Dazu zählen auch seine Eigenliebe (Er ist im Frieden mit sich selbst), sein Selbstbewusstsein (Er kennt seine Stärken und Schwächen), sein Interesse (Er ist neugierig auf Menschen), seine Bewegung (Hopp Schwiiz! Er könnte sich mehr bewegen …), sein Reichtumsbewusstsein (Er verfügt über Herzensreichtum – Grosszügigkeit, Offenherzigkeit) und sein Ausdruck (Kleidung, Umgangsformen, Sprache).

Ein charismatischer Mensch wie Bernhard Schweizer nimmt sich selbst nicht so wichtig. Er fragt sich: Was kann ich der Welt durch mein Talent geben? Wie kann ich anderen dienen? Und was bekommt durch mein Handeln Wirkung? Warum das Publikum ihn nicht selten Business-Rocker nennt? Eine Antwort könnte so lauten: Weil er vieles von dem nicht ist, was man von einem typischen Vertreter seiner Zunft erwarten würde. Was aber, wenn er kein klassischer Repräsentant der Gattung Berater ist, ist er dann? Antwort: Mann muss ihn erleben. Er ist ein spontaner Perfektionist. Jemand, der aus dem Moment heraus gestaltet. Er springt an wie ein guter Motor. Ist sofort da und dann ganz bei den Menschen. Er hat nicht automatisch die intellektuelle Lösung im Gepäck. Lieber lässt er sich intuitiv auf sein Publikum ein. Er versucht sich möglichst wenig vorzubereiten. Es ist ihm wichtig, das freie Zusammenspiel zwischen den Menschen, die im Raum sind, nicht zu stören. Den festen Plan lehnt er ab. Er braucht ihn nicht, auch nicht zur eigenen Sicherheit. Er schöpft aus der Erfahrung, aus der Substanz. Man spürt: Hier steht ein Mann, der sich von der Situation inspirieren lässt. Er improvisiert, arbeitet sich vor auf eine forschende, offene Art und Weise. Man ist dabei, wenn aus dem Moment heraus Zukunft entsteht.

Natürlich darf man nicht verkennen, dass auch sein Äusseres wesentlich dazu beiträgt, dass man in ihm das Gegenstück zur Klassik sieht, sich weiter der Metapher Musik bedient und den Rock zitiert. Er sieht eben ganz und gar nicht geschäftsmässig aus – nicht im klassischen Sinne. Bei Bernhard weiss man nicht, welcher Kaste er angehört und ob er überhaupt eine erkennbare Zugehörigkeit wünscht. Wohl eher nicht. Er entzieht sich – bewusst oder unbewusst – einer Erwartungshaltung bezüglich einer in einem Kontext akzeptierten Kleiderordnung. Dem Dresscode-Einmaleins nach Knigge setzt er sein «Business Dress as unusual» entgegen.

Wer will, mag darin auch seine Haltung erkennen: nicht an alten Gepflogenheiten festkrallen, sondern neue Methoden und Wege ausprobieren, das Leben als eine Herausforderung, als eine Aufgabe begreifen. Man könnte auch sagen: das Leben als Forschung betreiben.

Diese und jede andere Form des Andersseins akzeptiert er ganz selbstverständlich auch bei seinen Mitmenschen. Gerne zitiert er Clare W. Graves[5]: «Jeder hat das Recht, so zu sein, wie er ist.» Und bezogen auf seine Tätigkeit sagt Bernhard Schweizer: «Lehre Menschen, die Qualität ihrer Arbeit zu erhöhen, indem du ihren Denkweisen gerecht wirst und nicht von dir selbst ausgehst.»

DER GASTFREUNDSCHAFTLICHE

Geht es Ihnen auch so? Ich denke bei gastfreundschaft.ch (Bernhard Schweizers Internetadresse) zuerst an Hotellerie und Gastronomie. Die länderspezifische Domain dot ch führt mich gedanklich in die Schweiz. Ich sehe den Gastwirt, ich sehe den Gastraum, ich sehe Gäste an eingedeckten Tischen sitzen. Auf den Gastwirt und die Gastronomie komme ich wahrscheinlich auch deshalb, weil den Schweizern ja bekanntlich der Ruf vorauseilt, Weltmeister der Gastlichkeit zu sein.

Wenn ich aber weiter über die Bedeutung des Begriffes Gastfreundschaft nachdenke, dann sehe ich einfach nur eine freundliche, offenherzige Person in Erwartung ihrer Gäste. Die Person zeigt über ihre Körpersprache Bereitschaft, dass sie jeden Menschen, bekannt oder fremd, freundlich aufnehmen wird. Die Person hat ihre Arme ausgebreitet, auf ihrem Gesicht liegt ein Lächeln. Es ist ein Mann, aber kein Wirt. Der Mann steht vor seinem Haus und macht eine einladende Geste: Willkommen! Mein Haus ist dein Haus. Er ist der Gastgeber und bereit, den Gast aufzunehmen und Gastfreundschaft auszuüben, das heisst, den Gast zu umsorgen und ihm Freundlichkeit entgegenzubringen. Sein Habitus bedeutet weiter: Er wird seinen Gast bereitwillig bedienen, ihm zu essen und zu trinken geben sowie ein Bett für die Nacht – und ein gutes Gefühl, herzlich willkommen zu sein. Er – der Gastgeber – wird dem Gast zu Diensten sein.

Bernhard Schweizer glaubt an das Dienen. Diese Grundhaltung hat er in einem einfachen Satz in seinen Leitwerten an oberster Stelle festgeschrieben: «Wie kann ich helfen?»

Und sich selbst fragt er im nächsten Satz: «Beschert mein Tun allen Glück, Freude, Erfolg und Zufriedenheit?»

Bernhard Schweizer begleitet Menschen, Teams, Organisationen zu ihren eigenen Missionen und Visionen. Was ist ihre Bestimmung, ihre Daseinsberechtigung, ihr wahrer Kern des Tuns, der Sinn ihrer Existenz? Worin besteht ihre Einzigartigkeit und somit ihr ureigenes Erfolgsrezept? Welchen Werten folgen sie, woran glauben sie?

Er hilft ihnen, ihre spezifischen Fähigkeiten in ihrem täglichen Verhalten manifest werden zu lassen und mit bestehenden, bereits vorhandenen Prozessen zu verbinden, ohne diese neu erfinden zu müssen; sodass ihr Tun allen dient und allen Beteiligten einen Nutzen bringt und sie in ihrem eigenen Sinne erfolgreich macht; sodass sie sich für etwas Grösseres einsetzen, grösser als sie selbst.

Dies will er nicht altruistisch oder religiös verstanden wissen, sondern durchaus leistungsorientiert sowie mit der klaren Absicht verknüpft, erfolgreich zu sein beziehungsweise erfolgreicher zu werden, als man schon ist.

Höchstes Ziel seiner Tätigkeit ist und bleibt am Schluss die Eliminierung seiner selbst, also das Überflüssigmachen seiner Tätigkeit im Unternehmen. – «The best way to find yourself is to lose yourself in the service of others», so hat Gandhi es ausgedrückt.

DER GANZHEITLICHE

Ich habe mit Bernhard viele Gespräche geführt. Ich habe dabei versucht, auf das Besondere zu zielen, ohne zunächst zu wissen, was das Besondere eigentlich ist. Ja, anfangs habe ich im Nebel gestochert. Aber trotz vernebelter Sicht war mir klar, was es heisst, nicht zu wissen, was das Besondere an Bernhard Schweizers Arbeit ausmacht. Wenn ich es nicht sehe, dann könnte es auch sein, dass ein möglicher Auftraggeber nicht erkennt, worauf es Bernhard Schweizer ankommt, was ihn qualifiziert und womit er andere in Bewegung bringt.

Letztendlich suchte ich die Antwort auf die Frage: Warum Bernhard Schweizer? Welchen Vorteil bringt er dem Kunden?

Bernhards Versprechen lautet «gemeinsam umfassend entwickeln». Wie jede Formel ist auch diese eine krasse Reduzierung, die der Komplexität des Prozesses, der dahintersteckt, nicht gerecht werden kann. «Gemeinsam umfassend entwickeln» – so schnell diese drei Begriffe auch dahingesagt sind, sie sagen nichts darüber, wie langwierig dieser Weg tatsächlich ist.

Die Herausforderung liegt in der Erfassung der Komplexität des Systems, das den Namen «Unternehmen» trägt. Gibt es ein Ordnungsprinzip oder herrscht das Chaos? Geht es darum, zu ordnen? Darum, eine ganz neue Ordnung zu finden? Diese Aufgabe ist nur zu bewältigen, wenn man über eine ganz besondere Fähigkeit verfügt: Bernhard Schweizer hat den ganzheitlichen Blick. Es mutet so simpel an, dass man es fast nicht glauben möchte, aber genau darin liegt die Antwort. Darum Bernhard Schweizer.

Während sich ein Unternehmensberater um Einzelfragen kümmert, ein Strategiepapier erarbeitet, seine Empfehlung abgibt, dem Unternehmen oft wieder den Rücken zukehrt und Führungskräfte und Belegschaft mit der Umsetzung alleine lässt, begleitet Bernhard Schweizer den gesamten Prozess (anstossen – bewegen – rocken). Er sagt dazu: «Ich will Themen in ihrer Ganzheit bearbeiten, entwickeln, nicht bloss an der Oberfläche bleiben; ich will Zusammenhänge erkennen, den Kern herausschälen und zugänglich machen. Nichts bewegt mich mehr als die ganzheitliche Betrachtung, das integrale Denken, das Verbinden von Idee und Tun, das nachhaltig Selbstgewollte sowie der gewinnorientierte Wandel aus dem Selbst für andere; emotional wie monetär.»

Der Berater dagegen sagt: So muss es gehen und geht wieder. Aber wer soll seine schöne Empfehlung umsetzen? Auf dem Papier hat er den Weg zum Erfolg schlüssig dargelegt. Hat scheinbar alle Faktoren und Parameter berücksichtigt. Bis auf einen: Den Menschen im Unternehmen hat er wenig bis keine Aufmerksamkeit geschenkt. Folge: Die «Management-Menschen» des Unternehmens sind mit der Umsetzung des Strategiepapiers überfordert. Die «Mitarbeiter-Menschen» blockieren den Prozess. Die Umsetzungsquote geht gegen null. Kaum in der Welt, steht das Projekt schon wieder vor dem Scheitern.

Vielfältig sind die Kenntnisse und Fähigkeiten, die einen Organisationsentwickler qualifizieren:

Kenntnisse [6]
→ Kenntnisse über Personen, Gruppen und Organisationen (aus der Psychologie, Betriebswirtschaft, Politologie etc.)
→ Ansätze und Theorien der Führung und Leitung von Organisationen
→ Methoden und Praktiken organisatorischer Systeme (komplexe Planung, Steuerung und Planung von Projekten, Analyse von Problemen, Kreativitätstechniken, Prioritätensetzung Entscheidungsfindungsanalyse, Organisationsanalyse)
→ Lern- und Trainingsmethoden für Einzelne, Gruppen und Organisationen
→ Entwicklungsphasen von Individuen, Gruppen, Organisationen
→ Planung und Förderung von Lern- und Veränderungsprozessen: Kontakt bzw. Kontrakt, Diagnose, Planung, Intervention, Abschluss, Auswertung
→ Kenntnis der eigenen Person (Stärken, Schwächen, Neigungen, Werte, «blinde Flecken» etc.)

Fähigkeiten
→ kommunikative Fähigkeiten: zuhören, beobachten etc.
→ Lehrfähigkeiten
→ Beteiligten helfen, sich selbst zu aktivieren und Probleme zu lösen
→ Sensibilität gegenüber Gefühlen anderer; Fähigkeit, mit einer Person unterschiedlicher Herkunft und Persönlichkeit zusammenzuarbeiten
→ gruppendynamische und gruppenpädagogische Methoden und Techniken anwenden

→ auf Vertrauen basierende Beziehungen herstellen
→ die jeweils passende Interventionsmethode auswäh-
len und anwenden
→ statistische Erhebungen, Interviews und andere
Datensammlungsmethoden entwerfen

Konfliktlösungsfähigkeit
→ Fähigkeit, Probleme zu erkennen

DER AUTHENTISCHE

Der Mensch wird aus Mensch gemacht. Er ist Teil einer Ahnen-
reihe; er ist Überlieferung einer langen Familiengeschichte.
Einer wie Goethe hat darüber nachgedacht. Der Meister war
sich seines vielfältigen Erbes stets bewusst und hat es am
Schluss der «Zahmen Xenien»[7] – seines Meisterwerks der spä-
ten Dichterjahre – folgendermassen zum Ausdruck gebracht:

«Gern wär´ ich Überlieferung los
Und ganz original;
Doch ist das Unternehmen gross
Und führt in manche Qual.
Als Autochthone rechnet ich
Es mir zur höchsten Ehre,
Wenn ich nicht gar zu wunderlich
Selbst Überlieferung wäre.

Vom Vater hab´ ich die Statur,
Des Lebens ernstes Führen,
Vom Mütterchen die Frohnatur
Und Lust zu fabulieren.
Urahnherr war der Schönsten hold,
Das spukt so hin und wieder;
Urahnfrau liebte Schmuck und Gold,
Das zuckt wohl durch die Glieder.
Sind nun die Elemente nicht
Aus dem Complex zu trennen,
Was ist dann an dem ganzen Wicht
Original zu nennen?»

Und er hat noch etwas damit sagen wollen. Goethe wollte sein, was heute beinahe jedermann sein will: ein Original, ein Unikat, individuell und unverwechselbar. Er fühlte Unbehagen darüber, dass er es nicht war: «*Gern wär´ ich Überlieferung los / Und ganz original.*»

Doch, ach, auch Goethe wurde wie jeder Mensch aus den Bausteinen seiner Vorfahren gebaut. Er konnte sich aus dem «Complex» nicht trennen. Und er lieferte mit diesem Gedicht sein Eingeständnis dazu. Er selbst erkannte: Ich bin Überlieferung. Und fragte sich: «*Was ist dann an dem ganzen Wicht Original zu nennen?*»

Was für Goethe schon vor 250 Jahren ein Dilemma war, tritt in unserer heutigen Gesellschaft vielfach – oft in Extremen – zutage: das Streben nach Individualität, nach Originalität, nach Einzigartigkeit.

Manche treiben es auf die Spitze wie Lady Gaga etwa, die Ikone aus Musik und Maske. Über sie wird gesagt, es erfülle sie mit Stolz, wenn Menschen durch sie den Wert ihrer Einzigartigkeit und Individualität erkennen lernen. Ihr Motto: «Born to make a difference». Ihre Botschaft: Du lebst, um anders zu sein. Mach dich unverwechselbar und du wirst unverzichtbar, ja unsterblich.

Auffallen um jeden Preis? Bernhard Schweizers Sache ist das nicht. Dennoch muss er sich unterscheiden in einem Markt, in dem seine Leistung von der Nachfrageseite nicht immer so differenziert wahrgenommen wird, wie er sich das wünscht: Unternehmensberater, Coaches, Trainer, Consultants, NLPler, Organisationsentwickler, Managementberater – alles eine Sosse. Wer drin schwimmt, könnte gaga werden.

Kunden wollen aber etwas Bestimmtes von ihrem Leistungserbringer, ihrem Auftragnehmer, das sie woanders nicht bekommen. Sonst vergeben sie den Auftrag woandershin. Je spitzer die Positionierung, je eindeutiger das Angebot, umso leichter ist für den Kunden eine Differenzierung möglich.

Bernhard Schweizer ist authentisch und klar positioniert. Aus dieser Position heraus erhält seine Gabe, Menschen und Organisationen helfen zu können, ihre Potenziale zu entfalten, eine besondere Kraft. Hier liegt sicher ein starkes Unterscheidungsmoment, das Bernhard Schweizer unique macht. Auch sein Bekenntnis zu Verantwortung spielt hier eine grosse Rolle. Er sagt: «Für mein Tun, die Aktualität vermittelter Inhalte sowie für eine ganzheitliche, praxis- und prozessorientierte Organisationsentwicklung übernehme ich persönlich Verantwortung.»

Bernhard Schweizer sieht sich als Facilitator, als jemand, der etwas ermöglicht, indem er in seiner Arbeit mit seinen Auftraggebern und deren Mitarbeitern richtungsweisend tätig ist. Dabei folgt er strikt dem Satz Galileo Galileis, wonach man niemanden etwas lehren kann, man kann ihm nur helfen, es in sich selbst zu entdecken.

Facilitation – noch so ein Begriff, dessen Bedeutung ich erst lernen musste (was durch die Arbeit für Bernhard möglich wurde). Facilitation ist eine Führungsphilosophie, die auf Beteiligung, Selbststeuerung und Organisationslernen setzt und auf direktive Elemente von aussen verzichtet. Der Facilitator sorgt dafür, dass Projekte sowie komplette Entwicklungs- und Veränderungsprozesse erfolgreich verlaufen. Er ist eine Art Navigator. Er ist Prozess- und Dialogbegleiter.

Er habe die Organisationsentwicklung nicht erfunden, bekennt Bernhard Schweizer. Aber wer ihn kennt und weiss, wie er arbeitet, kann sagen, dass sie durch ihn eine sehr spezielle Färbung bekommen hat.

Im Marketing spricht man vom USP. Von einer Unique Selling Proposition. Von dem Alleinstellungsmerkmal. Im Falle Bernhard Schweizer ist es die Summe vieler Teile aus Persönlichkeit und Professionalität, die ihn – wenn auch nicht einzigartig – dann doch unverwechselbar macht. Einzigartig? So vermessen ist Bernhard Schweizer nicht, dass er sich so sehen würde.

Dieses Buch ist ein Buch über Bernhard Schweizer und seine Tätigkeit. Er verfolgt damit ein Ziel. Er möchte es nicht in den Wind geschrieben wissen. Niemand, der ernsthaft einer Arbeit nachgeht, will das. Bernhard will auf sich und seine Arbeit aufmerksam machen. Die, die ihn noch nicht kennen, möchten ihn bitte zur Kenntnis nehmen und die, die ihn schon kennen, können ihn noch ein Stück besser kennenlernen.

Ich glaube daran, dass sein Buch ihn weiterbringen wird, dass es einen Beitrag leisten kann, seine Identity zu schärfen. Kann sein, dass ich während der Arbeit an diesem Buch ein bisschen die Rolle des Facilitator eingenommen habe – intuitiv. Das war ein schönes Stück Arbeit für beide. Dabei haben wir herausgefunden, wohin man käme, wenn man ginge. Herausgekommen sind ein Buch und eine Freundschaft. Mehr kann man nicht erwarten.

Holger Schaeben, im Juli 2015
www.schaebenschreibt.ch

Teil II

UMFASSEND WIRKSAM ENTWICKELN

Bernhard Schweizer über
Organisationsentwicklung – theoretisch

GRUNDSÄTZLICHES IN ZEHN SÄTZEN

Gestatten: Schweizer. Nachdem Sie den ersten Teil dieses Buches gelesen haben, dürfte ich Ihnen schon etwas vertraut geworden sein. Im zweiten Teil der Lektüre stelle ich Ihnen nun persönlich die Inhalte meiner Arbeit vor.

Bevor Sie sich aber dem zweiten Teil dieses Buches widmen, wofür ich mich herzlich bedanke, möchte ich mich mit Ihnen über bestimmte Inhalte verständigen. Ich habe feste Grundsätze, die meine Arbeit bestimmen. Auch wenn Sie gelernt haben, dass ein Schweizer neutral zu sein hat – böse Zungen sagen, dass er sich aus allem heraushält –, hier schlägt der Schweizer sich auf eine Seite und ergreift Partei – und zwar für seine Grundsätze.

Ich habe zehn Grundsätze formuliert. Es sind meine «Big Ten». In Anlehnung an die «Big Five» – ich bin Jäger – habe ich sie so benannt. Als «die grossen Fünf» bezeichneten Grosswildjäger früher bestimmte Tiere in Afrika. Gemeint waren der afrikanische Elefant, das Nashorn, der afrikanische Büffel, der Löwe und der Leopard. Die Jäger waren dabei auf eine sportlich-kämpferische Bezwingung dieser imposanten Tiere aus. Big-Five-Safaris sind mittlerweile nur noch ein Mythos. Heutzutage handelt es sich fast ausschliesslich um touristische Ausflüge, bei denen Wildtiere von Fahrzeugen aus beobachtet und fotografiert werden. Geschossen wird also mit der Kamera. Das ist gut so. Denn ich habe eine Jagd auf «die Grossen Fünf» ohnehin immer schon abgelehnt. – Nach diesem kurzen Jagdausflug hier meine persönlichen «Big Ten», die wir nun gemeinsam sportlich-kämpferisch erlegen wollen. Mit gutem Gewissen.

1. Grundsatz:

1

Man kann nur dann
etwas umfassend-wirksam
entwickeln, wenn man es
als Ganzes betrachtet.

Ich arbeite integral. Aber was heisst integral? Einfach gesagt, bedeutet integral so viel wie umfassend. Doch das ist
noch lange nicht die ganze Theorie. Wichtig ist zunächst,
dass Sie wissen, dass ich auf Basis ganzheitlichen Denkens
die Inhalte meiner Tätigkeit entwickelt habe.

Folgende Aspekte haben bei meiner Arbeit höchste Priorität:
→ ganzheitliche Selbstförderung und -forderung des
   Menschen sowie des Unternehmens
→ gezieltes Fördern relevanter Kernkompetenzen von
   Personen, Teams und Unternehmen
→ auftrags- und zielgerechtes Erarbeiten der gemeinsam
   definierten Aufträge

Als ganzheitlich-integral tätiger Organisationsentwickler
nehme ich die Perspektiven aller Beteiligten ein; ich be-
vorzuge niemanden. Jeder und alles hat seinen Platz in einem Modell. Mein Modell basiert auf der Integral-Theorie
von Ken Wilber[8].

Wilber entwickelte sein Ganzheitlichkeitsmodell aus der
Hypothese: «Alle Theorien der Welt (östliche wie westliche)
sind richtig, aber nur teilweise.» (Wilber sagt: «True but partial.») Die Wilber'sche Theorie («Theory of Everything») umfasst fünf Elemente. Eine geläufige Abkürzung ist auch aqal,
die für «Alle Quadranten, alle Level» steht. Aqal bedeutet,
dass ein integrales Modell die Elemente der Quadranten,
Ebenen, Linien, Zustände und Typen umfassen muss:

1. **Quadranten:** Die Gliederung der verschiedenen integralen Perspektiven erfolgt nach Wilber in vier Quadran-

ten-Perspektiven (ICH, WIR, SIE, ES). Auf das Quadranten-Modell gehe ich später noch genauer ein (siehe Kapitel «PERSPEKTIVEN: Es geht ums Ganze», ab Seite 120).

2. **Wertebewusstsein:** Menschen sind in individuellen wie sozialen Bereichen unterschiedlich weit entwickelt. Auf das Werte-Modell «Spiral Dynamics»[9] nach Don Beck[10] gehe ich später noch genauer ein (siehe Kapitel «PROZESS: die Choreografie des ‹Chaos›», ab Seite 126).

3. **Entwicklungslinien:** Menschen können in der kognitiven, emotionalen, moralischen, zwischenmenschlichen, psychosexuellen und spirituellen Linie unterschiedlich weit entwickelt sein (z.b. kognitiv weit entwickelt und emotional weniger entwickelt oder umgekehrt). Auf die Entwicklungslinien beziehungsweise -ebenen gehe ich später noch genauer ein (siehe Kapitel «DER 360°-BLICK: Organisationsentwicklung – ganzheitlich oder gar nicht», ab Seite 100).

4. **Bewusstseinszustände:** Als grundlegende Zustände des Bewusstseins werden Wachen, Träumen und Tiefschlaf unterschieden. Darüber hinaus nennt Wilber meditative Zustände (ausgelöst z.B. durch Joggen, Beten oder autogenes Training), veränderte Zustände (z.B. durch Alkohol) und sogenannte Hocherfahrungen (z.B. im Sexuellen oder durch Musik). Jeder Mensch verfügt über individuelle Erfahrungen und Erkenntnisse. Auf die wichtigsten Entwicklungsmodelle (von Graves und Beck) gehe ich später noch genauer ein (siehe Kapitel «PROZESS: die Choreografie des ‹Chaos›», ab Seite 126).

5. Persönlichkeitstypologie: Hier geht es um die Typisierung von Charakteren. Als Typisierungsverfahren wende ich unter anderem die HBDI®-Denkstilanalyse[11] an.

Fazit: Wenn ich von Organisationsentwicklung spreche, meine ich eine ganzheitliche. Ganzheitlich oder gar nicht – diesen Standpunkt vertrete ich.

2. Grundsatz:

2

Veränderungsbereitschaft
ist die Grundlage jeder
Entwicklung und jeglichen
Wandels.

Einen notorischen Spieler können Sie nicht dazu bewegen, eine Suchthilfe anzunehmen, wenn er nicht willens ist. Bleiben wir bei diesem Beispiel: Bei der Suchthilfe geht man davon aus, dass jeder Mensch Ressourcen in sich trägt, mit denen er aus eigenem Antrieb heraus positive Veränderungen ermöglichen kann. Auch ich glaube daran, dass diese Ressourcen in jedem Menschen angelegt sind – ausser er ist pathologisch.

Wer mich beauftragt, will seine Organisation wandeln. Wenn ich von aussen kommend interveniere, kann ich aber nicht davon ausgehen, dass jeder in der Organisation automatisch bereit ist, die Veränderung mitzutragen. Um in einem Unternehmen einen planvollen, sozialen Wandel umsetzen zu können, muss aber bei einer Mehrheit der Beteiligten eine Bereitschaft zur Veränderung vorhanden sein. Auf diese Bereitschaft kann ich nur setzen, wenn ich die Interessen der Mitarbeiter berücksichtige.

Der US-amerikanische Managementprofessor Douglas Murray McGregor untersuchte die Mitarbeiterdynamik in Unternehmen. Er entwickelte daraus seine Y-Theorie. Anders als bei der X-Theorie, die besagt, dass der Mensch unwillig ist, besagt die Y-Theorie: «Der Mensch will sich von Natur aus verwirklichen und entfalten, strebt danach, seinen Neigungen und Interessen nachzukommen, zeigt Engagement und Initiative und sucht Verantwortung. Die besten Realisierungschancen und die höchste Erfolgswahrscheinlichkeit haben daher Methoden, welche unter Einbeziehung der Wünsche und Hoffnungen der Beteiligten und Betroffenen durchgeführt werden.» [12]

Fazit: Führungspersonal und Mitarbeitende bringen sich in den Veränderungsprozess nur dann ein und nehmen nur dann aktiv teil, wenn sie im Wandel auch echte Vorteile und Chancen für sich selbst sehen. Will ich die Bereitschaft der Mitarbeiter für Veränderung erlangen, muss ich also deren Bedürfnisse berücksichtigen. Ganz oben steht das Bedürfnis nach Information und Transparenz. Offene, ehrliche und zeitnahe Informationen über die Veränderungsnotwendigkeit und den Veränderungsprozess müssen von Anfang an und kontinuierlich gewährleistet sein. Pure Information, die man den Mitarbeitenden wie ein Fertiggericht vorsetzt, reicht jedoch nicht: Es muss ein Wandel-Dialog initiiert und praktiziert werden.

3. Grundsatz:

Man kann jemanden nur etwas lehren, wenn sie oder er es in sich selbst entdeckt.

Galileo Galilei wird folgendes Zitat zugesprochen: «Man kann einen Menschen nichts lehren, man kann ihm nur helfen, es in sich selbst zu entdecken.» Dieser Satz wirft Fragen auf: Entdecken im engeren Sinne hiesse, es wäre schon vorhanden. Und wenn es vorhanden wäre, müsste es dann noch von aussen kommen? Kommt aber nicht jedes Wissen von aussen? Schule, Ausbildung, Studium? Und wenn ja, was soll das dann heissen: entdecken?

Wie hat Galilei das bloss gemeint? Ich denke, wir haben es hier mit einem Kommunikationsproblem zu tun, einem klassischen Missverständnis. Kommunikation ist ja leider nicht immer das, was der Absender sagt, sondern das, was der Empfänger versteht. Auf den Galilei-Satz bezogen, heisst das für mich: Galilei meinte nicht «entdecken» im engeren Sinne, sondern im weiteren. Mit «entdecken» meinte er «verstehen».

Für meine Arbeit heisst das: Ich kann einem Menschen zwar vieles zeigen und erklären, also lehren, das heisst aber noch lange nicht, dass er es dann auch versteht, also dass ihn die Erkenntnis «durchdringt». Dieses Aha-Erlebnis kann er nur selber herbeiführen, indem er dort, wo er schon Wissen besitzt, anknüpft und das Neue lernend – auch über Gefühle – mit dem Bestehenden verbindet. Das geschieht in einem kognitiven Lernprozess. Der lernende Mensch geht sozusagen auf Entdeckungsreise durch sein Gehirn, er sucht und findet – heureka! – das Wissen in sich selbst.

Fazit: Ohne das Wissen, das der Mensch schon in sich trägt, bliebe das Wissen, das ich an ihn herantrage, wirkungslos. Und das muss ich natürlich wissen.

4. Grundsatz:

4

Man versteht so lange nicht,
warum man etwas tun soll,
bis man den Sinn darin
erkennt.

Wer in einer Organisation Veränderung anstösst, muss mit Gegenwind rechnen. Alleine der Gedanke an Veränderung, löst bei den meisten Menschen einen Schauer aus. Veränderung ist unbequem, unberechenbar, provoziert möglicherweise Probleme, birgt vielleicht sogar Gefahren. Die Frage nach dem Sinn kommt auf, nach dem Nutzen: Was bringt das? Was habe ich davon? Bleiben wir beim Gegenwind. Fahrradfahren ist eine tolle Sache. Sehr gesund. Warum Radeln wir dann nicht mehr? Ach, Sie haben gute Gründe, sich nicht in den Sattel zu schwingen? Sie finden, Sie sind zu unsportlich? Sie schmerzt der Hintern schon bei der Vorstellung des Radfahrens? Sie leben in der Stadt und da ist Fahrradfahren viel zu gefährlich? Ihr Knie schmerzt? Sie haben gar kein Fahrrad? Wahrscheinlich fänden Sie noch tausend andere Ausreden mehr, wenn ich Sie liesse.

Jeder Mensch folgt einer inneren Überlebensstrategie. Dazu gehört es, alles so zu bewahren, wie es ist. Keine Änderungen, bitte. Immer der gleiche Trott, Wiederholungen, Rituale. Das alles vermittelt einem das Gefühl von Sicherheit. Und wenn schon Veränderung, dann nur, wenn sie dem eigenen «Überleben» dient. Der Wandel muss demnach als zwingend «überlebenswichtig» empfunden werden – sonst geschieht wenig. Und was für den Einzelnen gilt, gilt auch für Teams und Unternehmen.

Fazit: Erst wenn ein vitaler Nutzen erkannt wurde, erst wenn Fragen wie diese beantwortet sind: Was bringt mir das Ganze? Wie kann ich profitieren? Was wird es mich (finanziell wie emotional) kosten? Wie stark wird es mich vereinnahmen? Was bedeutet es für mich persönlich? Erst dann werden die Beteiligten den Veränderungsprozess, sprich den Wandel, als ultimativen «Survival-Trip» ihres Unternehmens erleben.

5. Grundsatz:

Man muss fest an sein
Tun glauben, sonst kann
man nichts verändern.

Nur weil wir etwas glauben, muss es nicht auch wahr sein – aber es kann wahr werden. Ein Mensch sagt: Ich glaube, dass morgen die Sonne scheinen wird. Ein anderer sagt: Ich glaube an ein Leben nach dem Tod. Ein Dritter sagt: Ich glaube, dass ich den richtigen Weg eingeschlagen habe. Das alles sind Glaubenssätze – wenn auch von unterschiedlicher Tragweite. Was sie verbindet, ist das Moment der vollkommenen Überzeugung. Ich zum Beispiel bin überzeugt davon, dass meine «Big Ten» von entscheidender Bedeutung für die Herbeiführung und Durchführung jeglichen Wandels sind. Wäre ich das nicht, würde ich nicht an das glauben, was ich tue, und ich wäre auch nicht glaubhaft in dem, was ich tue.

Columbus glaubte fest daran, dass er einen Seeweg nach Indien finden würde. Dieser Glaube gab im Halt und im wahrsten Wortsinn Orientierung. Dass er zufällig Amerika erreichte, steht auf einem anderen Blatt.

Der Glaube ist der grösste Antrieb, den wir haben, um ein Ziel zu erreichen. Der Glaube ist grösser als die Zuversicht, die Hoffnung oder der Optimismus. Der Glaube ist wie eine Kompassnadel, die immer auf Norden zeigt, ganz gleich, wohin wir uns wenden. Es gibt nur einen Faktor, der uns dazu bringen könnte, von unserem Weg abzuweichen: den Zweifel. Zweifel bedeutet die Abwesenheit wirklichen Wissens. Doch wie kann man wissen, ob ein Vorhaben, das man umsetzen will, erfolgreich sein wird? Der Glaube kann uns die Unwissenheit – die Ungewissheit – nicht nehmen. Aber der Glaube kann dem zweifelnden Verstand helfen. Er kann den Zweifel besiegen.

Fazit: «Denn fest an eine Idee glauben heisst glauben, dass sie die Wirklichkeit ist, und das heisst sie nicht mehr als blosse Idee sehen.»[13]

6. Grundsatz:

6

Man kann einen Menschen
nur dann lehren, die
Qualität seiner Arbeit zu
erhöhen, wenn man seiner
Denkweise gerecht wird.

Etwa drei Viertel aller Veränderungsprozesse in Organisationen scheitern. Der Hauptgrund dafür liegt am Widerstand der Mitarbeiter, den sie vor allem in der Umsetzungsphase an den Tag legen. Warum ist das so? Ganz einfach: Wenn Menschen sich durch Veränderung bedroht fühlen, machen sie zu.

Frage: Was können Sie tun, um bei einem Menschen die Bereitschaft zu erhöhen, sein Verhalten zu verändern? Von Ihren eigenen Denkweisen ausgehen? Von Ihren eigenen Erfahrungen? Von Ihren eigenen Werten? Dann werden Sie wohl wenig Aussicht auf Erfolg haben. Was könnten Sie noch tun? Sie könnten Ihrem Mitmenschen eine Belohnung versprechen. Sie könnten ihm auch drohen. Bei diesen Methoden werden Sie vielleicht einen kurzfristigen Erfolg erzielen, aber auch einen kurzlebigen, denn die Wirkung der Belohnung oder Drohung verpufft.

Um Veränderungsprozesse erfolgreich durchzuführen, muss ich mich von Anfang an in die Köpfe der Menschen hineindenken und in ihre Herzen hineinfühlen. Ich muss verstehen, wie sie ticken. Ich muss ihre Wertvorstellungen berücksichtigen und vor allem ihre Bedürfnisse kennen. Oft mangelt es dem Projektmanagement aber genau daran: Sie kennen nicht nur die Bedürfnisse ihrer Kunden nicht, auch die ihrer Mitarbeiter sind ihnen nicht bekannt. Wenn man bedenkt, dass in Kreisen der Mitarbeiter die grössten Gegenkräfte entstehen können, muss man aber auch sehen, dass ohne Mitarbeiter Veränderungsdynamik nicht möglich ist. Je mehr die Mitarbeiter ihre Bedürfnisse berücksichtigt sehen, umso grösser wird ihre Bereitschaft sein, den Wandel mitzutragen. Und das heisst

SELBST-VERWIRK-LICHUNGS-BEDÜRFNISSE

z.B. Entfaltung individueller Fähigkeiten, Unabhängigkeit ⑤

ACHTUNGSBEDÜRFNISSE

z.B. Stärke, Ansehen, Einfluss, Prestige, Beachtung, Können ④

ZUGEHÖRIGKEITSBEDÜRFNISSE

z.B. sozialer Kontakt, Anerkennung, Einordnung, Zuneigung ③

SICHERHEITSBEDÜRFNISSE

z.B. persönliche und soziale Sicherheit, sicherer Arbeitsplatz, Krankenversicherung ②

PHYSIOLOGISCHE BEDÜRFNISSE

z.B. Sicherung von Nahrung und körperlicher Unversehrtheit ①

Abb. 01 | Die Maslow´sche Pyramide[14] ordnet Bedürfnisse nach ihrer Dringlichkeit

nicht, dass sie willenlos und manipulierbar würden. Nein, es geht um ihre Motivation. Und damit muss ich thematisch kurz Maslow[15] und seine Motivationstheorie streifen. Zugegeben, das Maslow´sche Modell ist ein sehr vereinfachtes. Aber gerade durch seine Einfachheit ist es ideal, die menschliche Motivation etwas besser zu verstehen.

Maslow geht davon aus, dass alle Menschen Grundbedürfnisse haben, nach deren Befriedigung sie streben. Unter den verschiedenen Bedürfnissen besteht laut Maslow eine Rangordnung. Erst wenn ranghöhere Bedürfnisse weitgehend abgedeckt sind, trachtet man nach der Befriedigung der nächstwichtigeren.

Bedürfnisbefriedigung erklärt am Beispiel eines Wanderers:

Ein Wanderer erreicht das Tagesziel seiner Tour. Was tut er in welcher Reihenfolge? Wie ist die Priorität seiner Bedürfnisse?

1. Stufe

Er verzehrt das im Rucksack mitgebrachte Essen.

2. Stufe

Er stellt sein Zelt auf. Zur Sicherheit hebt er noch einen kleinen Graben drumherum aus.

3. Stufe

Er nimmt sein Handy und telefoniert mit seiner Liebsten.

4. Stufe

Er erzählt ihr von seinen Erlebnissen während seiner Tagestour.

5. Stufe

Bevor er sich im Zelt schlafen legt, zupft er noch einige Melodien auf seiner Gitarre.

Transfer der Bedürfnisbefriedigung in die Arbeitswelt:

Bedürfnisse der Mitarbeiter   Mittel zur Befriedigung

1. Stufe

Physiologische Bedürfnisse   Ausreichende Bezahlung

Stillen von Hunger und Durst,
Schlaf, gesunder Arbeitsplatz

2. Stufe

Sicherheitsbedürfnisse   Sicherer Arbeitsplatz,

Geborgenheit und Schutz   Kündigungsschutz,

Altersversorgung

3. Stufe

Soziale Bedürfnisse   Teamarbeit,

Zugehörigkeit, Freundschaft   Kommunikation

4. Stufe

Wertschätzung   Bezahlung, Lob

Statussymbole,
Anerkennung und Status

5. Stufe

Selbstverwirklichung   Mitbestimmung, Einfluss,

Entfaltung der   Freizeit

Persönlichkeit

Weit differenzierter als die Maslow'sche Bedürfnispyramide ist die Theorie der «Spiral Dynamics»[16]. Sie enthält viele Parallelen zur allgemeinen Verständnistheorie von Maslow.

In der Theorie von «Spiral Dynamics» werden die Stufen (Mem-Ebenen) der Bedürfnisbefriedigung in Farben dargestellt und aufgeteilt. Auf die «Spiral Dynamics» gehe ich später noch genauer ein (siehe Kapitel «PROZESS: die Choreografie des ‹Chaos›», ab Seite 126).

Fazit: Um Mitarbeiter zu motivierten Mitbeteiligten an einem systemischen Veränderungsprozess zu machen, ist die Veränderung meines Blickwinkels von einem externen zu einem internen Grundvoraussetzung. Als Organisationsentwickler muss ich den Blickwinkel jedes einzelnen Beteiligten einnehmen, ich muss einer von ihnen werden, die «Dinge» mit ihren Augen betrachten, mit ihrem Verstand erfassen und mit ihren Herzen fühlen.

7. Grundsatz:

7

Man kann Menschen dazu
bewegen, leidenschaftlich
zu dienen, ohne unter-
würfig zu sein.

Die heutige Sichtweise auf das Dienen stammt vor allem noch aus grossbürgerlicher Zeit. Es gab die Herrschenden und es gab die Dienenden. Die Herrschenden waren gemäss diesem Gesellschaftsbild den Dienenden überstellt. Die Dienenden waren ihrer Herrschaft untertan. Es gab die da unten und es gab die da oben. Die Dienenden lebten in der Dienstwohnung, die sich – in den grossen Bürgerhäusern der Städte – meist im Souterrain befand, also im Tiefparterre oder Untergeschoss. Die Etagen darüber bewohnten die Grossbürger. Sie lebten im Licht. Sie waren die Bessergestellten. Die gesellschaftlich Privilegierten. Höher im Ansehen. – Die deutsche Sprache ist voll von diesen bildhaften Ausdrücken und prägt auf diese Weise immer noch unsere Meinung in Bezug auf das Dienen: Wer einem anderen dient, unterwirft sich. Die Folge ist: Das Dienen hat ein schlechtes Image, weil damit allgemein die Dominanz eines Menschen über einen anderen Menschen verbunden wird. Heutzutage will sich jedoch niemand mehr klein machen und buckeln. Heute muss das auch niemand mehr.

Trotzdem steht es um den Ruf des Dienens schlecht. Dienen gehört für die Mehrheit von uns in die unterste Schublade. In unseren Köpfen schlagen wir den grossen Assoziationsbogen: Dienen heisst untertan sein, heisst Leibeigenschaft, heisst Sklaverei.

Dabei ist es eigentlich gar keine grosse Sache, sich in den Dienst eines anderen zu stellen. Ein Butler ist ein Diener, der seine Arbeitsleistung in den Dienst seines Arbeitgebers stellt. Jedoch ist er nicht sein Untertan. Es ist des Butlers Beruf, stets zu Diensten zu sein. Ein Friseur ist ein Dienstleister, der dafür bezahlt wird, dass er anderen Menschen die Haare schneidet. Eine Lehrerin ist eine Person, die ihre Arbeitskraft in den Dienst der Gesellschaft stellt. Ich bin ein Dienstleister, der als Organisationsentwickler seine Tätigkeit in den Dienst von Unternehmen und anderen Organisationen stellt. Schon in meinem Studium habe ich mich auf das Thema Dienstleistungsmanagement spezialisiert und Kompetenzen zur Gestaltung, Steuerung und Bewertung von Dienstleistungsprozessen erworben. Auf das Thema Dienstleistung als Wachstumsfaktor gehe ich später noch genauer ein (siehe Kapitel «MONEY FOR VALUE: Dienstleistung im Dienste des Wachstums», ab Seite 164).

Fazit: Wir leben heutzutage in einer Dienstleistungsgesellschaft. Dienstleistungskompetenz ist daher ein entscheidender Wettbewerbsvorteil und zählt zu den wichtigsten Wachstumsfaktoren. Das Dienen verdient heute höchste Anerkennung. Wer darauf herabschaut, ist von gestern.

8. Grundsatz:

8

Ganzheitliche Entwicklung
muss immer die Anbindung
an bestehende Systeme
sicherstellen.

Eine Organisation ist immer ein bestehendes System (ob Start-up oder hundert Jahre existent). Sie funktioniert wie ein Motor, der im Betrieb mehr oder weniger rund läuft. Ein Fahrzeughalter, der seinen Wagen zur Revision des Motors in eine Werkstatt gibt, erwartet, dass der Motor wieder optimal läuft, wenn er und sein Fahrzeug die Werkstatt verlassen. Bis zur Erledigung der Reparatur akzeptiert der Fahrzeughalter, dass er kurzzeitig auf sein Fahrzeug verzichten muss. Ruft die Werkstatt den Halter wenige Zeit später an, darf er erwarten, dass der Motor repariert, eventuell ein Ersatzteil getauscht wurde. Er wird nicht akzeptieren, wenn der Werkstattmeister ihm offenbart, dass der Fehler nicht gefunden werden konnte und deshalb der komplette Motor gegen einen neuen ausgetauscht wurde.

Von diesem kleinen, alltäglichen Beispiel, das sehr schön den Eingriff in ein bestehendes System illustriert, zu einem grossen – oder sagen wir sogar – gewaltigen Beispiel, das den Namen Evolution trägt. Auch in der Evolution erfolgen Optimierungen immer in und aus einem bestehenden System (sozusagen bei laufendem Betrieb). Auch hier weist nicht der vollständige Ersatz des Systems in die Zukunft, sondern der Systemwandel.

Fazit: Wer mich beauftragt, sollte wissen, dass ich in das System eingreifen muss. Als Eingreifer sollte er mich als positiven Störer verstehen. Und was muss ich wissen? Ich muss wissen, dass mein Auftraggeber erwartet, dass mir bewusst ist, dass ich mich an einem bestehenden System anzudocken habe. Und genau das tue ich.

9. Grundsatz:

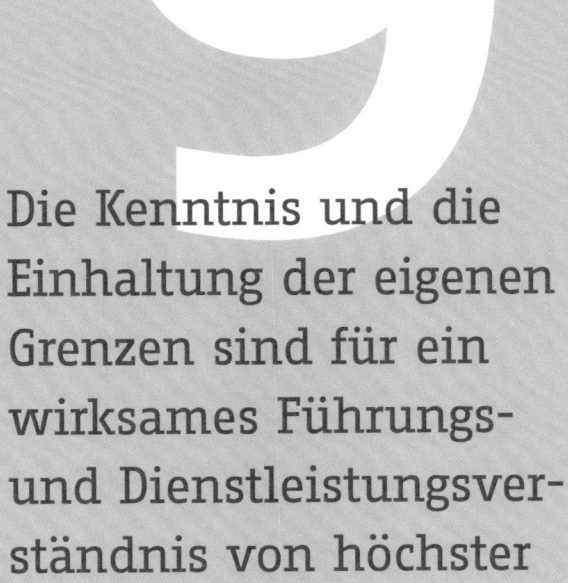

Die Kenntnis und die
Einhaltung der eigenen
Grenzen sind für ein
wirksames Führungs-
und Dienstleistungsver-
ständnis von höchster
Bedeutung.

RESILIENZ + Erfolg

Was macht einen erfolgreichen Menschen aus? Darüber haben sich schon Generationen von Experten den Kopf zerbrochen. Neue Erkenntnisse aus der Resilienzforschung[17] besagen, dass vor allem ein Faktor vorhanden sein muss, um beruflich erfolgreich zu sein: die Gelassenheit. Resiliente Menschen meistern Krisensituationen erfolgreicher und bleiben auch unter Druck gelassen. Sie besitzen die Fähigkeit, mit Veränderungen, Ungewissheit und Rückschlägen im Leben leichter umzugehen. Psychologen vergleichen das Phänomen der Resilienz gerne mit einem Stehaufmännchen. Nichts haut resiliente Menschen wirklich um. Und wenn sie doch einmal gestrauchelt sind, stehen sie aus eigener Kraft sofort wieder auf.

«Das Unternehmen *talentsmart* testete über eine Million Personen und fand dabei heraus, dass sich in den oberen Rängen der Erfolgreichen vor allem Menschen befinden, die über eine hohe emotionale Intelligenz verfügen: Ganze 90 % der Spitzenreiter zeichneten sich durch diese Eigenschaft aus. (...) Erfolgreiche Menschen vermeiden ganz bewusst bestimmte Verhaltensweisen, denen man leider nur allzu schnell verfällt, wenn man nicht aufpasst.»[18]

Das Ergebnis der Studie mit dem Titel «9 Dinge, die erfolgreiche Menschen niemals tun» auf einen Blick:

Erfolgreiche Menschen ...

... lassen nicht zu, dass jemand anders ihre Freude trübt.

... vergessen nichts.

... führen keine Kämpfe auf Leben und Tod.

... setzen Perfektion nicht an die erste Stelle.

... leben nicht in der Vergangenheit.

... grübeln nicht über Problemen.

... umgeben sich nicht mit negativen Menschen.

... hegen keinen Groll.

... sagen nur dann «Ja», wenn sie es auch meinen.

Aus meiner langjährigen Arbeit mit tausenden von Personen habe ich mir meine eigene Meinung bilden können und ein Positiv-Ranking erstellt. Ich habe acht Eigenschaften herausgefiltert, die einen Erfolgreichen von einem weniger Erfolgreichen unterscheiden. (Und wenn ich hier von Erfolg spreche, meine ich den Erfolg im beruflichen Umfeld. Denn schliesslich kann man auch ein erfolgreiches Leben führen, ohne den Erfolg im Beruf in den Mittelpunkt zu stellen.)

1. Erfolgreiche Menschen kennen ihre Stärken und ihre Schwächen. Sie akzeptieren ihre Grenzen und Fähigkeiten.

2. Erfolgreiche Menschen schaffen es, stets gelassen zu bleiben; sie lassen sich nicht aus der Ruhe bringen.

3. Erfolgreiche Menschen sind Optimisten und strahlen diesen Optimismus aus. Und sie stecken andere mit ihrem Optimismus an.

4. Erfolgreiche Menschen haben ihre Emotionen unter Kontrolle. Ärgert man sie, schlafen sie lieber eine Nacht darüber, als ihrer Impulskraft spontan nachzugeben.

5. Erfolgreiche Menschen akzeptieren sich, wie sie sind. Sie haben positive Ich-Gefühle, nehmen aber auch ihre Mitmenschen positiv wahr.

6. Erfolgreiche Menschen glauben daran, dass sie etwas bewirken können.

7. Erfolgreiche Menschen sind in ein soziales Netzwerk eingebettet; sie gehören dazu.

8. Erfolgreiche Menschen folgen einer inneren Stimme, die ihnen sagt, dass sie eine Aufgabe haben und dass es gilt, diese zu ergründen und zu erfüllen.

10. Grundsatz:

10

Strategisches Vorgehen
und Prozessmessbarkeit
sprechen den Erfolg
vom Verdacht der
Zufälligkeit frei.

Der Mensch nimmt sein Leben lang Mass. Grössen, Mengen, Volumen, Flächen; Weitsprünge, Rekorde, Kinderfüsse, Lebensjahre; Literaten vermessen die Welt, Krankenschwestern messen den Blutdruck, Weinmacher die Öchslegrade, Polizisten die Geschwindigkeit, Forscher die Intelligenz, Politiker ihre Beliebtheit. Und in der Arbeitswelt messen wir uns ständig mit unseren Kolleginnen und Kollegen. Man könnte meinen, wir Menschen messen für unser Leben gern. Ja, das tun wir wohl. Das ist ganz normal. Denn das gibt uns ein Gefühl der Wirklichkeit. Was sich vermessen lässt, ist real. Ich messe, also bin ich ...

Ist Kontrolle also besser als der gute Glaube? Man könnte vortrefflich darüber diskutieren, ob Vertrauen gut, Kontrolle aber besser ist. Ich weiss es nicht. Ich weiss nur, dass ich nicht dem einen vor dem anderen immer und überall den Vorzug gebe. Nur eines ist klar: Bei einer Sache will ich Ergebnisse sehen. Da interessieren die «harten» Kennzahlen ebenso wie Motive, Verhaltensweisen, Kompetenzen, Handlungsergebnisse und Handlungsergebnisfolgen.

Ja, es macht Sinn, am Anfang und am Ende eines Prozesses zu messen, den Status zu erheben, Daten zu erfassen. Nur so ist es uns möglich, am Ende zu sagen, ob sich etwas verändert hat und was und ob unser geplantes Vorgehen zum gewünschten Ergebnis geführt hat. Und was ich hier sage, gilt auch für ganzheitliche Organisationsentwicklung. So ist in meinen Augen die Nachprüfbarkeit des Wandels als Folge eines Entwicklungsprozesses innerhalb einer Organisation unabdingbar.

Fazit: Strategische Planung ist grundlegend, Gesamtzusammenhänge müssen aufgezeigt werden können, Veränderungen nachvollziehbar sein. Nur das Verifizierbare bekommt – im wahrsten Wortsinne – oftmals erst einen Wert, eine Bedeutung, einen Nutzen.

AUF ALLEN EBENEN:
gemeinsam umfassend entwickeln

Jeder Weg beginnt mit einem ersten Schritt. Aber wo sollen wir den ersten Schritt hinsetzen? Robert Dilts[19] hat dazu ein Modell entwickelt. Er nennt es das Modell der logischen Ebenen. In der ganzheitlichen Organisationsentwicklung steht es für mich am Beginn jedes Veränderungsprozesses.

«Das Modell der logischen Ebenen beschreibt die Ebenen der Veränderung. Es liefert Informationen über den besten Punkt, an dem eine Veränderungsarbeit ansetzen kann. Die logischen Ebenen dienen der Klärung, wo z.B. ein Problem, ein Ziel oder die eigene Mission angesiedelt ist.

Die Veränderungsarbeit setzt dann i.d.R. auf der nächsthöheren Ebene an. Die logischen Ebenen sind hierarchisch gegliederte Ebenen des Denkens, die sich wechselseitig beeinflussen: Umgebung, Verhalten, Fähigkeiten, Glaubenssätze, Werte, Identität, Mission. Die Funktion jeder Ebene ist es, die Information auf der darunterliegenden Ebene zu organisieren. Veränderungen auf einer höheren Ebene haben notwendigerweise auch Veränderungen auf darunterliegenden Ebenen zur Folge. Eine Änderung auf einer der unteren Ebene kann, muss aber nicht, die darüber liegenden Ebenen beeinflussen. Die Regeln, nach denen etwas auf einer bestimmten Ebene geändert wird, unterscheiden sich von jenen, nach denen auf einer anderen Ebene etwas geändert wird.»[20]

Das Dilts'sche Modell gibt der Entwicklungsarbeit des ganzheitlich tätigen Organisationsentwicklers nicht nur

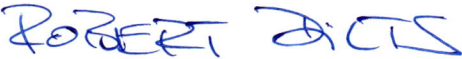

wichtige Hinweise, wo im System anzusetzen ist, es macht auch die Notwendigkeit der ganzheitlichen, umfassenden Sichtweise auf das System besonders plastisch. Ausserdem wird der Aspekt der sich wechselseitig beeinflussenden Denkweisen sichtbar.

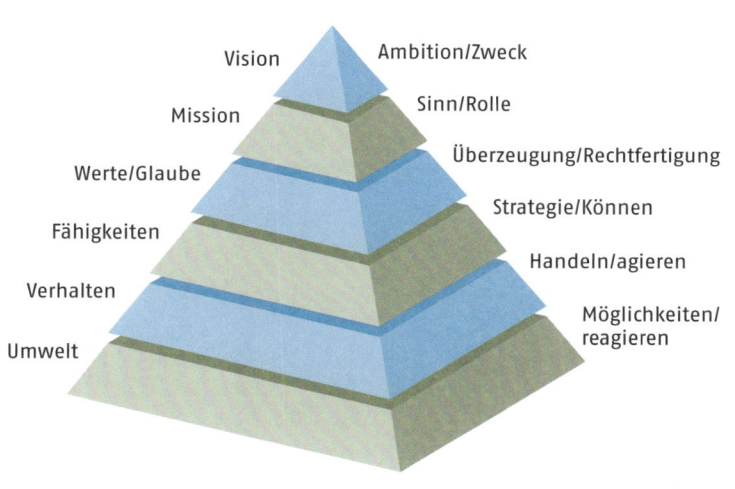

Abb. 02 | Die Ebenen der Veränderung: logische Ebenen nach Robert Dilts

Umwelt: Was geschieht ausserhalb meines Seins?
Verhalten: Was bestimmt mein Tun?
Fähigkeiten: Welche Anlagen habe ich?
Werte/Glaube: Was bewegt mich?
Mission: Was ist meine Funktion?
Vision: Was ist Ziel meines Tuns?

DER 360°-BLICK:
Organisationsentwicklung –
ganzheitlich oder gar nicht

Im Grunde fängt alles Neue mit der Vorstellung von etwas an, das es noch nicht gibt. Das ist der Augenblick, in dem Veränderung beginnt. Veränderung ist das, was uns bewegt.

Sie zum Beispiel haben sich entschlossen, mein Buch zu lesen. Warum? Weil Sie etwas verändern wollen. Weil Sie etwas bewegen wollen. Weil Ihre Vorstellung vom Was aber vage und das Wie in Ihrem Kopf nur schemenhaft vorhanden ist, lesen Sie höchstwahrscheinlich diese Seiten. Ausserdem, denke ich, erhoffen Sie sich eine Antwort auf Ihre Frage, wie Sie den Wandel am besten vollziehen könnten.

In diesem Kapitel dreht sich fast alles um einen Begriff: Organisationsentwicklung – ein weites Feld, deshalb muss ich mich beschränken. Ich werde ganz sicher keine Ausflüge in die Geschichte der Organisationsentwicklung machen und auch keine Prognosen des Miteinanderführens abgeben. Ich beschränke mich auf mich selbst. Es geht nicht anders. Es geht in diesem Buch um Organisationsentwicklung made by Schweizer. Und so muss es um meine Identität als Organisationsentwickler gehen. Nein, ich stelle mich ganz sicher nicht in den Mittelpunkt. Es ist anders: Ich stelle mich Ihnen hier auf eine sehr persönliche Art und Weise vor. Ich bin das Medium einer Dienstleistung, die Sie nutzen wollen. Und dazu müssen Sie wissen, wer ich bin, was ich für Sie tun kann und wie. Wenn ich also hier über Organisationsentwicklung made by Schweizer spreche, geht es mir nicht eigentlich um mich (auch wenn ich über mich sprechen muss), es geht um die Identifikationsfläche, die ich für Sie sein kann, und vor allem darum, dass diese Identifikationsfläche so nur ich für Sie sein kann; ich als Person Bernhard Schweizer innerhalb meiner Profession und im Kreise meiner Kollegen und Kolleginnen. Denn mir ist bewusst, dass ich nicht allein dastehe im Markt. Ich stehe – ganz sachlich betrachtet – im Wettbewerb. Und Sie können wählen. Umso mehr muss mir daran gelegen sein, dass ich mich Ihnen persönlich zeige. Denn Organisationsentwicklung ist in erster Linie personenbezogen; im Kern pure Individual-Kommunikation. Ergo: Entweder man kann mit mir oder nicht.

Die Säulen meines Wirkens als Organisationsentwickler gründen auf Modellen vieler Vordenker, Praktiker und Praktikerinnen, die Facilitation und Organisational Development zu ihrer Profession gemacht haben – und für die meisten war oder ist es – wie auch für mich – eine Passion, eine Berufung. Ich beziehe mich zum Beispiel auf Marvin Weisbord, Sandra Janoff, Don Beck, Kathleen Dannemiller, Harrison Owen, Dr. John Kotter, Roger Schwarz, M. Scott Peck, John Dewey, Jakob L. Moreno, Kurt Lewin, David Bohm, Otto C. Scharmer, Robert Dilts, Richard Bandler, John Grinder, Matthias Horx, Ron Kaufmann, Peter Flüglisthaler, David Weinberger, Dan S. Cohen, David Bosshart, Stephen R. Covey, Gerhard Roth, Roman Lombriser, Klaus Doppler, Christoph Lautenburg und auf die Mitglieder der IAF (International Association of Facilitators) sowie auf meinen Bruder Adrian Schweizer. Ich schliesse sie alle ein, wenn ich hier über Organisationsentwicklung schreibe, auch wenn ich sie nicht bei jedem einzelnen Gedanken, den ich ausführe, erneut beim Namen nenne.

Apropos beim Namen nennen. Ich bin für deutliche Worte immer zu haben. Auch das gehört zu meiner Person. Diese sehr spezielle Eigenschaft (eigentlich untypisch für einen Schweizer) teile ich mit 90 Prozent meiner Auftraggeber. Sie schätzen diese Eigenschaft an mir. Ich schätze die Eigenschaft, dass sie das an mir schätzen. Ich kann aber auch damit leben, wenn diese Art von unverblümter Rede nicht immer und überall ankommt. Offenheit und Ehrlichkeit gepaart mit Höflichkeit sind für mich jedoch Grundmotivationen meines Tuns. Ich bin offen, offen für alle Dinge, die dem Gesamten nutzen. Ich sage, was ich für wichtig erachte. Ich will zusammen mit Ihnen etwas verändern. Was nutzt es einem Kunden, wenn ich ihm sage, wie gut er ist? (Das überlasse ich seiner Frau. Und falls der Boss eine Frau ist, ihrem Mann).

Ein paar Kostproben, bevor Sie zum eigentlichen Thema weiterlesen?

– Nein, ich habe das im Buch dargestellte nicht alles selbst erfunden. – Nein, ich denke nicht, dass ich Antworten auf alle Fragen habe. – Nein, ich habe nicht vor, möglichst akademisch zu wirken. – Nein, ich habe keine Ansprüche auf Vollkommenheit oder absolute Korrektheit. – Nein, belehren liegt nicht in meinem Interesse. – Nein, ich bin kein

Therapeut, da fehlt mir das Wissen. – Ja, einige Menschen werden mich mögen, andere nicht, und Vertreter von beiden Seiten werden ihrem inneren Antrieb, dies öffentlich kundtun zu müssen, folgen. – Ja, ich denke, einen Beitrag leisten zu können. Zu was genau, da müssten Sie mich schon in Ihr Haus lassen. – Ja, dieses Buch hat für mich auch einen betriebswirtschaftlichen Hintergrund. – Ja, Sie können das alles in Umkehrung lesen, was mit Sicherheit spannende Thesen ergäbe. – Noch mehr? Gerne: – Nein, Sie werden in diesem Buch nicht für alles eine Instant-Lösung finden, sondern nur meine Ansätze und strategischen Überlegungen für denkbare Wege; der Wandel ist harte Arbeit und die müssen Sie schon selber erledigen. – Nein, Sie hätten das Buch nicht kaufen müssen. – Ja, wenn Sie den Inhalt, die Ansätze – ob alt, neu, gebraucht oder sonst etwas – gut finden, sagen Sie es weiter. – Wenn nicht, sagen Sie es mir. – Ja, ich glaube, dass folgendes Sprichwort aus Lettland vielen etwas sagt, mir oft auch: «Wer sich zu sehr auf das Haar konzentriert, dem entgeht die Suppe.»

Genug der direkten Worte? Eins noch.

Ich bezeichne mich als Entwickler oder Ermöglicher. Der passende Begriff dazu lautet: Facilitator. Das kommt aus dem Angloamerikanischen und geht besser ins Ohr als die Bezeichnung Ermöglicher. Ja, ein gewisser Teil von mir ist auch Berater. Aber nicht in dem Sinne: Essen Sie davon dreimal am Tag, dann geht es Ihnen automatisch besser. Wir sehen uns dann in sechs Wochen wieder. Und tschüss! Uf Wiederluege! Nein, ich bleibe dran, arbeite anders, nämlich aktiv, und gestalte interaktiv. Von Anfang bis Ende. Und den Endpunkt bestimmt eine Sache und die heisst Erfolg; konkret: Erst, wenn alle Beteiligten zu dienstleistungsorientiertem Handeln und damit zu gewinnorientiertem Wirken fähig sind, hat Veränderung im angedachten Sinne stattgefunden.

Wäre ich nur Berater, würde ich beraten, aber nicht gestalten und nicht begleiten, keine aktive Rolle einnehmen. Nein, mich gibt es nur so. Ja, nur so arbeite ich auch: ganzheitlich. Ich stosse an, bewege. Ich führe Kunden an Ziele heran und bringe sie an einen Punkt, an dem sie selbst Antworten auf ihre Fragen geben können. Und mit diesen Antworten wiederum (Erkenntnissen und Entscheidungsgrundlagen) kommen die Kunden in den Veränderungsprozess, in Bewegung, ins Rocken, ins Tun. Sie werden selbst zu Tätern. Wenn man so will, schliesst sich hier der Kreis. – Doch nicht ganz.

Hier wird von Organisationsentwicklung gesprochen, daher muss für mich hier auch von Ganzheitlichkeit die Rede sein. Beides gehört für mich untrennbar zusammen.

Warum ganzheitliche Organisationsentwicklung? Ich muss in einem Veränderungsprozess stets alle Teile des Ganzen im Blick haben. Denn die Teile (bzw. Systemelemente) wirken aufeinander ein und müssen von aussen durch gezielte Massnahmen erreicht werden können. Anders gesagt: Organisationen sind soziale Systeme, in denen zum einen das Verhalten des Einzelnen vom sozialen System beeinflusst wird und zum anderen die Entwicklung des sozialen Systems vom Einzelnen – und zwar kontinuierlich. Veränderung, also die permanente Entwicklung des Systems, ist damit die einzige feste Grösse. Es gibt keine starren Strukturen.

Organisationen sind für mich lebende Systeme. Keine festgefügten Gebilde. Ich assoziiere den Begriff der Organisation mit der Welt des Organischen. In Organisationen erkenne ich Systeme, die leben, Welten, die sich verändern. Jede hat eine ureigene Form. Jede existiert auf ihre Weise nur ein einziges Mal. Organisationen können wachsen, schrumpfen, blühen, darben. Können stark sein oder empfindlich. Gefestigt oder gestört. Ich sehe in ihnen nicht nur die technischen Aspekte oder nur die menschlichen Seiten. Ich betrachte sie ganzheitlich. Ich arbeite systemisch-evolutionär. Meine 360°-Sichtweise hilft mir dabei.

Die sieben Wesenselemente einer Organisation

In meine Arbeit als Organisationsentwickler integriere ich verschiedene Entwicklungstheorien und Lösungsmodelle. Ich halte nicht starr an dem einen oder anderen Konzept fest. Teile des Ganzen interessieren mich auch hier nur insofern, als sie mir helfen, das Ganze umfassend zu begreifen. Fünf Modelle nutze ich innerhalb meiner Entwicklungstätigkeit regelmässig: das «Wesensmodell» von Friedrich Glasl[21], das «Quadranten-Modell» von Ken Wilber, das «Modell der logischen Ebenen» nach Robert Dilts sowie meine Modelle «Take five» und «PAAAAAArtitur». Indem ich diese Modelle verknüpfe, gewinne ich wichtige Erkenntnisse bezüglich der Beziehungen der Elemente und darüber, wie sie zusammenwirken.

| **IDENTITÄT** |
| Die gesellschaftliche Aufgabe der Organisation, Sinn und Zweck, Leitbild, Philosophie, Grundwerte, Image, historisches Selbstverständnis |

| **POLICY, STRATEGIE** |
| Langfristige Programme der Organisation, «Unternehmenspolitik», Leitsätze für Produkt-, Markt-, Finanz- und Personalpolitik, Kundenorientierung |

| **STRUKTUR** |
| Statuten, Gesellschaftsvertrag, Aufbauorganisation, strukturelle Beziehung zu externen Organisationen und Verbänden, strategische Allianzen |

| **MENSCHEN, GRUPPEN, KLIMA** |
| Wissen und Können der Mitarbeiter, Haltungen und Einstellungen, Beziehungen, Umgang mit Macht und Konflikten, Betriebsklima |

| **EINZELFUNKTIONEN, ORGANE** |
| Aufgaben, Kompetenzen und Verantwortung, Kommissionen, Projektgruppen, Spezialisten, Funktionen zur Pflege der externen Schnittstellen |

| **PROZESSE, ABLÄUFE** |
| Arbeitsprozesse, Informations- und Entscheidungsprozesse, interne Logistik, Planungs- und Steuerungsprozesse, Beschaffungsprozesse |

| **PHYSISCHE MITTEL** |
| Maschinen, Geräte, Material, Transportmittel, Gebäude, Räume, Möbel, finanzielle Ausstattung, Verhältnis Eigenmittel–Fremdmittel |

Abb. 03 | Die sieben Wesenselemente einer Organisation nach Friedrich Glasl

Das Wesensmodell von Friedrich Glasl

Das Ganze, das System oder das ganzheitliche Systemkonzept, einer Organisation besteht nach Friedrich Glasl aus sogenannten Wesenselementen und Subsystemen. Er bezeichnet die sieben Wesenselemente einer Organisation auch als Ebenen:

1. Identität, 2. Policy/Strategie, 3. Struktur,
4. Menschen/Gruppen/Klima, 5. Einzelfunktionen/Organe,
6. Prozesse/Abläufe, 7. Physische Mittel

Die drei Subsysteme (Perspektiven) einer Organisation

Die drei Subsysteme oder Perspektiven bezeichnet Glasl als: kulturelles Subsystem, soziales Subsystem, technisch-instrumentelles Subsystem. Die sieben Wesenselemente beziehungsweise Ebenen ordnet Glasl den drei Subsystemen folgendermassen zu:

→ kulturelles Subsystem: 1. und 2. Ebene
→ soziales Subsystem: 3. bis 5. Ebene
→ technisch-instrumentelles Subsystem: 6. und 7. Ebene

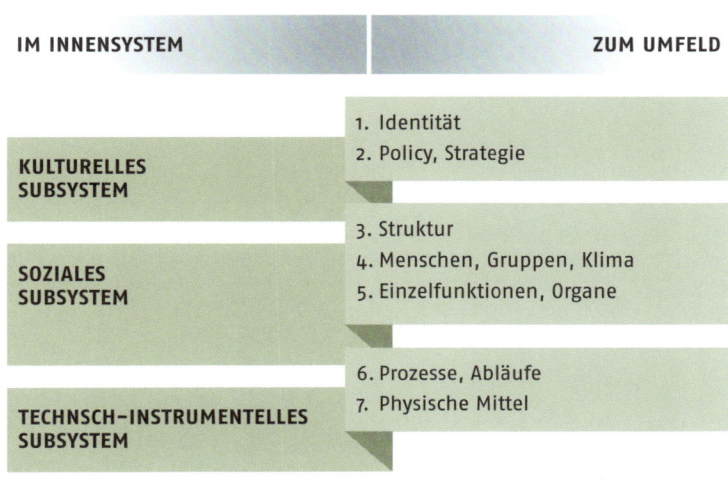

Abb. 04 | Das ganzheitliche Systemkonzept einer Organisation (Unternehmen)

Organisatorische Entwicklungen können in einem dieser Subsysteme oder auch in mehreren ihren Ursprung haben.

Das Quadranten-Modell nach Ken Wilber

Die vier miteinander in Beziehung stehenden Perspektiven, die ich als Organisationsentwickler einnehmen kann respektive muss, zeigt das Quadranten-Modell von Wilber. Je nachdem, welche der vier Perspektiven ich einnehme, ergeben sich je Wesenselement unterschiedliche Fragen. Auf das integrale Quadranten-Modell von Ken Wilber gehe ich später noch genauer ein (siehe Kapitel «PERSPEKTIVEN: Es geht ums Ganze», ab Seite 120).

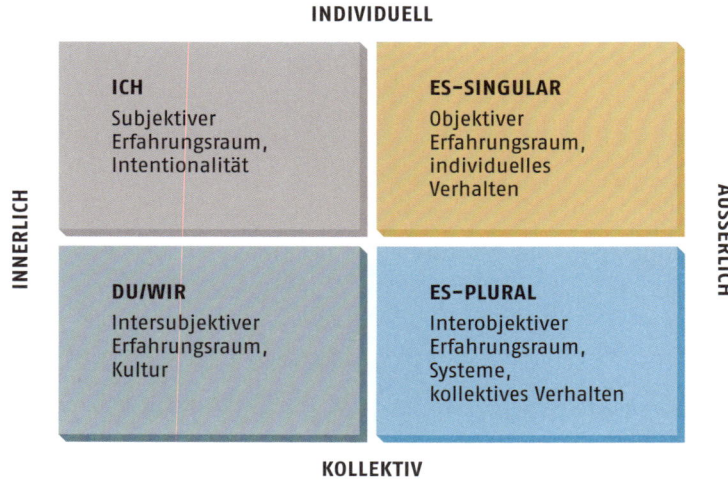

Abb. 05 | Grundstruktur des Wilber'schen Quadranten-Modells

Wilber unterscheidet zwischen einer innerlichen und einer äusserlichen Wirklichkeit. Aus der Verbindung der beiden Grundunterscheidungen ergeben sich die vier Quadranten-Perspektiven. Das bedeutet, dass jedes Ereignis mindestens diese vier Dimensionen hat:

→ innerlich individuell (intentional)
→ äusserlich individuell (verhaltensmässig)
→ innerlich kollektiv (kulturell)
→ äusserlich kollektiv (sozial/System)

Nach Wilber ist ein Innerliches ohne ein Äusserliches und ein Äusserliches ohne ein Innerliches nicht möglich; ein Singular nicht ohne einen Plural und ein Plural nicht ohne einen Singular.

Anwendung des Modells am Beispiel eines Gedankens
«Einen Gedanken (...) erlebe ich phänomenologisch[23] (oberer linker Quadrant). Dieser Gedanke hat hirnphysiologische Entsprechungen (oberer rechter Quadrant). Der Gedanke entsteht vor dem Hintergrund meiner kulturellen Prägungen und Entwicklung und ist von diesen geformt (unterer linker Quadrant). Gleichzeitig ist dieser Gedanke auch geprägt und geformt von den sozialen und gesellschaftlichen Verhältnissen, in denen ich lebe (unterer rechter Quadrant).

Die vier Quadranten sind seit ihrer Veröffentlichung durch Wilber (1995) zu einem der bekanntesten integralen Instrumente geworden. Sie werden dazu verwendet, Themen unterschiedlichster Art (Medizin, Psychologie, Spiritualität, Ökologie, Wissenschaft, Kunst) aus vier grundlegenden Perspektiven als *ein* Ereignis oder Thema mit (mindestens) vier unterschiedlichen Dimensionen oder Aspekten zu betrachten.

Die Quadranten als Perspektiven und Wahrnehmungs-bereiche öffnen uns für die Daseinsbereiche von innerlich/äusserlich und individuell/kollektiv.»[24]

WOHER? WOHIN? WOZU?
Vom Potenzial zu den Möglichkeiten

Oft werde ich gefragt: Was macht eigentlich ein Organisationsentwickler? Meine Antwort darauf lautet so: «Als Organisationsentwickler beschäftige ich mich mit der Frage, wie vorhandene, verborgene oder in den Hintergrund getretene Potenziale von Unternehmen ganzheitlicher sowie effizienter genutzt werden können.» Das ist die Kurzform. Etwas ausführlicher klingt das so: Wenn wir die menschliche Evolution als etwas betrachten, das einen Anfang hatte, aber – so hoffe ich doch – nie ein Ende haben wird, dann interessiert mich die Herkunft ebenso wie die Zukunft. Der überwiegende Teil der Menschheit jedoch stellt sich vor allem eine Frage: Was wird morgen sein? Seltsamerweise ist der Otto-Normal-Mensch mehr an der Zukunft interessiert als an der Herkunft. Die Frage «Woher komme ich?» steht hierarchisch immer hinter der Frage «Wohin wird mich mein Weg führen?»

Als Otto-Normal-Mensch kann ich dies durchaus nachvollziehen. Unsere Sprache kennt Zukunftsängste und Zukunftssorgen, nicht aber Vergangenheitsängste und Vergangenheitssorgen. Vorbei ist vorbei. Schnee von gestern. Kalter Kaffee.

Als Organisationsentwickler betrachte ich die Dinge komplexer. Mein Interesse gilt dem Anfang der Evolution ebenso wie der Evolution selbst mit ihren mannigfaltigen Möglichkeiten. Und dabei sind wir beim Potenzial.

Der aus Bangladesch stammende Wirtschaftswissenschaftler Muhammad Yunus ist dem einen oder anderen

Muhammad Yunus

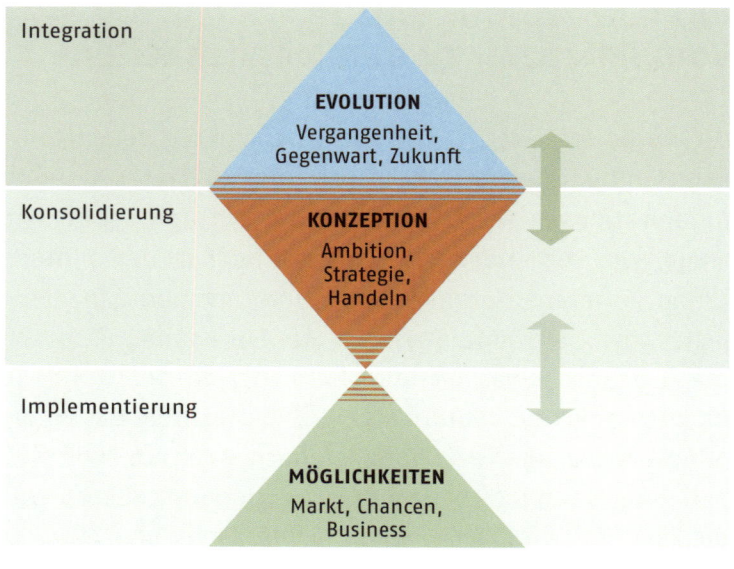

Integration

Konsolidierung

Implementierung

EVOLUTION
Vergangenheit,
Gegenwart, Zukunft

KONZEPTION
Ambition,
Strategie,
Handeln

MÖGLICHKEITEN
Markt, Chancen,
Business

Abb. 06 | Die drei Phasen evolutionärer Entwicklung nach Bernhard Schweizer

Leser sicher bekannt. Er ist der geistige Vater des Mikro-
finanzgedankens. Mit seiner von ihm gegründeten Bank
zielte er auf die Förderung wirtschaftlicher und sozialer
Entwicklung «von unten». 2006 erhielt er dafür den Frie-
densnobelpreis. Er sagt: «Jeder von uns hat viel mehr im
Inneren versteckt, als uns möglich ist zu entdecken. Falls
wir keine Umgebung erschaffen, die uns ermöglicht die
Grenzen unseres Potenzials zu entdecken, werden wir nie
wissen, was in uns steckt.»

Die Frage, was in uns steckt, beschäftigt auch mich –
vor allem mit Blick auf meine Tätigkeit. Welche Anlagen haben wir? Welche Talente? Welches Potenzial? Und
vor allem: Wie können wir unsere Potenziale aufdecken,

entdecken, fördern? Die Anlagen, die in uns stecken, können wir nämlich einfach hinnehmen und mehr oder weniger tatenlos akzeptieren. Oder wir können sie hernehmen, um aktiv etwas Neues, Gutes daraus zu machen. Dazu müssen wir die Potenziale, die in uns schlummern allerdings kennen. Dies mit meinen Kunden herauszuarbeiten, ist grundlegender Teil meiner Arbeit.

Wollen wir ganzheitlich aktiv werden, müssen wir Herkunft und Zukunft betrachten und über die Gegenwart einen Bezug zwischen beiden Polen herstellen.

Von der Evolutionsphase in die Konzeptionsphase

Wir müssen uns also fragen: Woher kommt das, was schon in uns steckt, das wir das lebendige Potenzial unserer Organisation nennen wollen. Kennen wir es überhaupt? Oder: Welche Einflüsse hat unsere Vergangenheit auf unsere Zukunft und welche auf die Gegenwart, die unser aller Denken prägt? Oder: Wie viel Einfluss nimmt unser persönliches Umfeld auf unseren Wirkungsalltag?

Oft genug werden wir feststellen, dass wir diesen Fragen nicht positiv-offen entgegentreten, weil wir uns damit schlicht nicht auseinandersetzen wollen. Wir wollen uns nicht eingestehen, dass wir möglicherweise im vorhandenen Potenzial verhaftet sind, uns nicht entwickeln und uns so im Erkennen und/oder Erreichen unserer Bestimmung selbst behindern.

Öffnen wir uns diesen Fragen jedoch nicht, so werden wir uns untreu – ja, noch schlimmer, wir verneinen vielleicht unser Selbst oder geben ihm nie genügend Gewicht, um hervorzutreten und Gestalt anzunehmen.

Von der Konzeptionsphase in die Möglichkeitenphase

Analog zu den in den vorangegangen Kapiteln dargelegten Denkweisen, versuche ich mit meinen Kunden innerhalb eines klaren, jedoch nicht starren Prozesses die definierten Ambitionen und Werte mit einer umfassend-wirksamen Strategie zu verknüpfen und zu einem zielführenden Handeln zu konsolidieren, das uns unser Weiterentwickeln möglich macht. Gelingt das, so können wir das Feld der uns dargebotenen Möglichkeiten nutzen, um bemerkenswert zu bleiben und im Idealfall die Meisterschaft zu erlangen. Im Kontext der Organisation heisst das: In welchem Markt und in welchem Umfeld nutzen wir welche Chance für uns, um unser Business weiter anzustossen? Wie wird jeder von uns Dienstleister einer höheren Absicht seines Tuns – wie wird unser Wirken mit jedem Atemzug gewinn- und dienstleistungsorientierter?

Im persönlichen wie im unternehmerischen Leben und Wirken geht es im Kern oft nur um diesen Moment: Ergreifen wir Chancen, die sich ergeben, oder lassen wir sie ungenutzt vorbeiziehen? Ein Weiser ist derjenige, der begriffen hat, dass sich Chancen, die wir ergriffen haben, schon alleine durch den Umstand, dass wir sie ergriffen haben, zu multiplizieren beginnen.

Es sollte unser aller Interesse sein, unsere Zukunft selbst zu bestimmen, damit wir das Buch, in dem einst unsere Erfolge niedergeschrieben werden, selbst gestalten können. Denken wir an das unendliche Potenzial, das sich uns hier im zentraleuropäischen Lebensraum täglich bietet –

trotz mancher Krise. Und stellen wir diesem Potenzial die oft noch grösseren Möglichkeiten gegenüber, die sich uns eröffnen, dann können wir uns mit unserem eigenen Sein in unserer zugedachten Rolle verwirklichen.

TAKE FIVE: die fünf Schlüsselfaktoren für den Wandel – PERSON, PERSPEKTIVEN, PROZESS, PARADIGMA, POTENZIAL

«Take Five» von Dave Brubeck. Ein Jazzmeisterwerk. Erschienen 1959 auf dem Album «Time Out». Damals sagte man wohl noch Langspielplatte dazu. 1961 wurde «Take Five» dann als Single veröffentlicht. Ab diesem Zeitpunkt avancierte es zum Welthit und zu einer Art Erkennungsmelodie für Dave Brubeck.

Was hat Dave Brubeck mit mir zu tun? Ich muss gestehen: gar nichts. Umgekehrt sieht es schon anders aus. Ich liebe dieses Stück. Brubeck und seinem Quartett sagt man einen Hang zu ungeraden Taktarten nach. «Take Five» ist ein klassisches Beispiel dafür; viel mehr verstehe ich nicht von Musik – leider. Vielleicht ist es genau dieses Ungerade oder Schräge, was mir am Brubeck-Sound gefällt.

Als ich nach einer kommunikativen Klammer für meine fünf Schlüsselfaktoren suchte, kam mir «Take Five» in den Sinn. Auch ich habe mitunter eine Vorliebe fürs Ungerade. Perfektion und Vollkommenheit? Ich neige eher nicht dazu. «Take Five» hat diesen bestimmten Rhythmus; davon lebt das Stück. Und es wird in einem moderaten Tempo gespielt. Beides liegt mir.

Während meiner Tätigkeit in einer Organisation – wenn ich gemeinsam mit dem Menschen vor Ort an einer systemischen Weiterentwicklung arbeite – gebe ich einen bestimmten Rhythmus vor. Dieser Rhythmus ist fünfteilig. Dass ich dabei an Brubeck denke, muss ausser mir eigentlich niemand wissen.

Trotzdem ist es für mich so eine Art Erkennungsmelodie. Es ist der Moment, in dem die Arbeit am Wandel tatsächlich einsetzt. Und dabei geht es immer um diese fünf Schlüsselfaktoren: PERSON, PERSPEKTIVEN, PROZESS, PARADIGMA, POTENZIAL. Das ist der Rhythmus, der sich bei jedem Auftrag wiederholt.

Das andere grundlegende Element, das sich stets wiederholt, ist das Tempo, das auch in meinem Fall moderat ist. Schnelle Lösungen sind bei mir nicht zu holen. Adhoc gibt es bei mir nicht. Die Arbeit am Wandel braucht Zeit; Wochen, Monate, bisweilen Jahre. Und wenn es sein muss, ist sie auch dauerhaft angelegt. Schliesslich kann Entwicklung nie abgeschlossen sein. Ausser man verwehrt sich ihr.

Die lernende Organisation entwickelt sich kontinuierlich weiter. Dabei wird die Fähigkeit, schneller zu lernen als die Konkurrenzunternehmen ein entscheidender Wettbewerbsvorteil sein. Am besten wir fangen sofort damit an. Denn warum sollte man dem Wettbewerb einen Vorsprung lassen? Schieben Sie die Brubeck-CD in den Player und grooven Sie sich auf die nächsten fünf Kapitel ein.

1. PERSON: Alles beginnt beim ICH

«Sei du selbst die Veränderung, die du dir wünschst für diese Welt», wird Gandhi zitiert. Etwas weniger pathetisch als die Worte Ghandis klingt in unsren Ohren vielleicht dieser Satz, dessen Urheber mir leider nicht bekannt ist: «Beginne bei dir selber – und die Welt ändert sich mit dir.» Und ich darf ergänzen: Denn alle Entwicklung beginnt beim ICH.

Und keine Sorge: Wir wollen nicht gleich die ganze Welt verändern. Nur einen ganz kleinen Teil davon. Wenn wir hier über die Aufgabenverteilung in Bezug auf Veränderung und Entwicklung sprechen, dann fangen wir in einem sehr überschaubaren Kontext damit an. Hier und jetzt geht es uns um die Veränderung innerhalb eines bekannten, vertrauten Systems, dessen Teil wir sind. Und das ist nicht die grosse, menschliche Gesellschaft, es ist die vergleichsweise kleine Welt, in der wir arbeiten. Es ist das Unternehmen, in dem wir tätig sind. Es ist die Organisation, in die wir unsere Arbeitskraft tragen. Doch auch dieser überschaubare Raum ändert nichts an der Tatsache, dass alle Entwicklung beim ICH beginnt und dass wir selbst die Veränderung sein müssen, die wir uns für diese (kleine) Welt wünschen. Ganz gleich, ob wir uns nun zu den Führungskräften oder zu den Mitarbeitenden zählen.

Ich sprach von Aufgabenverteilung in Bezug auf Veränderung und Entwicklung. Treffender wäre Verantwortungsverteilung. Noch besser Verantwortungsübernahme. Denn die Anforderungen, die aus der Unternehmenskultur an den Einzelnen gerichtet werden, kann jener nur erfüllen, wenn er bereit ist, seinen Teil der Verantwortung zu tragen. Diesen Teil der Verantwortung trägt der Einzelne ganz allein; niemand kann ihm diese Verantwortung abnehmen. Auch trägt er alleinige Verantwortung sich selbst gegenüber: für sein Dasein, seine Ziele, seine Gesundheit. Und er muss sich bewusst sein, dass er mit seinem Denken und Handeln die Organisation prägt. Auch mit seinem Nicht-Tun.

Jeder Einzelne beeinflusst den Erfolg des Unternehmens: mit seinem Mitdenken, mit seiner Arbeit, mit seinem Verhalten. Der Erfolg kommt dem Einzelnen wieder zugute: durch Lohn, Arbeitsplatzsicherheit, Weiterbildung, bestimmte Vergünstigungen oder moderne technische Einrichtungen.

Das umfassend-wirksame Entwickeln nimmt beim ICH seinen Anfang. Die Verbindung von der Idee zum Tun hat beim ICH seinen Ausgangspunkt. Beim ICH beginnt der Wandel aus dem Selbst für andere. Je grösser die Übereinstimmungen der ICH-Werte, ICH-Ziele und des ICH-Handelns mit den Werten, Zielen und Handlungen des Unternehmens sind, umso erfolgreicher kann der Einzelne im Unternehmen und das Unternehmen im Markt sein.

Identifikation

Fazit: Will ich das Ganze wandeln, muss ich beim Einzelnen ansetzen. Eine Erkenntnis, die so umwerfend einfach wie unumwerflich ist. Der Nukleus der Entwicklung jeder Organisation ist das ICH.

2. PERSPEKTIVEN: Es geht ums Ganze (ICH–WIR–ES–SIE)

Als ich vor vielen Jahren damit begann, mich intensiv mit dem Thema der Ganzheitlichkeit zu beschäftigen, machte ich eine bemerkenswerte Entdeckung. Eigentlich wollte ich etwas anderes erforschen, nämlich die Bedeutung der Ganzheitlichkeit. Ich fragte mich, was es heisst, Systeme ganzheitlich zu betrachten. Und dabei betrachtete ich den Begriff Ganzheitlichkeit ganzheitlich und machte dabei eine zufällige Entdeckung.

Der Begriff Ganzheitlichkeit (noch deutlicher wird es beim Adjektiv ganzheitlich) enthält die Silben «ganz» und «ich». Ein Glücksfund, der mich bis heute fasziniert. Dass es eigens ein Wort für dieses Phänomen gibt, erfuhr ich erst später: Serendipität.

Abb. 07 | GANZ plus ICH = ganzheitlich

In ganzheitlich stecken das GANZ und das ICH. In der Ganzheitlichkeit stecken das Ganze und der Einzelne. Ohne den Einzelnen ist das Ganze nicht komplett. Das Ganze ist mehr als die Summe aller Einzelnen.

Jeder sieht dasselbe anders
Als Organisationsentwickler beschäftige ich mich mit der Frage, wie vorhandene, verborgene oder in den Hintergrund getretene Potenziale von Unternehmen ganzheitlicher sowie effizienter genutzt werden können. Eingebunden in diese Fragestellung sind die Mitarbeiter und Kunden der Unternehmen. Gemeinsam mit meinen Auftraggebern entwickle ich ganzheitliche Lösungsansätze, Prozesse, Instrumente oder Methoden, die gewinnbringend im Arbeitsalltag ein- und umgesetzt werden können. Im Zentrum meiner Arbeit steht die integrale, ganzheitliche Entwicklung, der Wandel zu dienstleistungsorientiertem Handeln und damit zu gewinnorientiertem Wirken. Ganzheitlich und integral heisst für mich alle Perspektiven einnehmen und keine bevorzugen, möglichst allen dienen. Alles findet Platz in einem Schema.

Die verschiedenen, integralen Perspektiven lassen sich – nach Ken Wilber – in vier Kategorien gliedern. Man bezeichnet sie häufig als Quadranten-Perspektiven (alt. auch Ebenen-, Level-, Wellen-, Linien-, Typ- oder Zustands-Perspektiven). Wilber entwickelte seine integrale Theorie aus der Hypothese: «Alle Theorien der Welt (östliche und westliche) sind richtig, aber nur teilweise» («true but partial»). Seine daraus resultierende Metatheorie, die darlegt, wie alles in Verbindung steht und sich zusammenfügt, veröffentlichte er erstmals 1995 in seinem Werk «Eros, Kosmos, Logos».

DIE QUADRANTEN-PERSPEKTIVEN: allgemeine Nutzung
(Abb. 08/nach Ken Wilber)

Der Mensch hat ein «Innen» (subjektiv, erfahrbar) und ein «Aussen» (objektiv, sichtbar, messbar). Ausserdem ist er in Systemen (z.B. Umfeld, Familie, Organisationen) eingebunden. Somit entstehen vier unterschiedliche, gleich wichtige Perspektiven, die sich in Form eines Quadrantenbildes strukturieren lassen. Die Quadranten entstehen durch die Unterteilung in aussen (rechte Quadranten) und

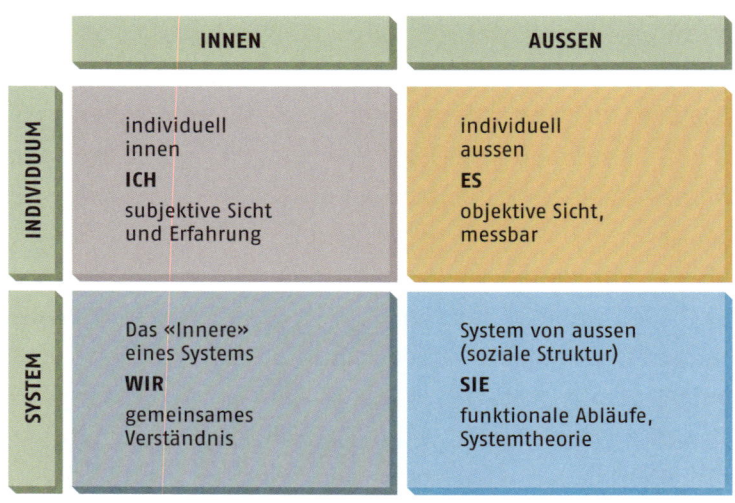

Abb. 08 | Die Quadranten-Perspektiven: allgemeine Nutzung

innen (linke Quadranten) und ausserdem in individuell (obere Quadranten) und systemisch (untere Quadranten). Oder anders gesagt: Links sind die subjektiven ICH- und die WIR-Perspektiven und rechts die objektiven ES- und die SIE-Perspektiven. Je nachdem welche Brille wir aufsetzen, sieht die Welt definitiv anders aus (Quadrivia-Sichten). Alle Sichtweisen sind gleich wichtig.

Ein Auto ist ein Auto ist ein Auto ist ein Auto
Die «Quadrivia-Sichten» – am Beispiel Auto, mit dem die verschiedenen Perspektiven auf ein und dieselbe Sache deutlich werden: Objektiv gesehen hat ES (das Auto) vier Räder, einen Motor etc. und ist ein Teil des Verkehrssystems (SIE); ICH finde ein Auto nützlich und bequem; WIR in Europa halten ein Auto aber auch (mehrheitlich) für umweltschädlich.

DIE QUADRANTEN-PERSPEKTIVEN: Nutzung mit Blick auf soziale Strukturen (Abb. 09/nach Ken Wilber)
Nutzt man das Modell für soziale Systeme (eine Organisation, etwa ein Unternehmen), so zeigen die oberen Quadranten das «Innen» und «Aussen» der einzelnen Systemelemente (z.B. Mitarbeiter) und die unteren Quadranten das «Innen» und «Aussen» des Systems (Kultur und funktionale Struktur). Die Grafik zeigt beispielhaft Businessaspekte aus Sicht der vier Quadranten. Die meisten Beratungs- und Veränderungsansätze haben in einem der vier Quadranten ihren Schwerpunkt, vernachlässigen aber eventuell andere. Da alle Quadranten interagieren und sich miteinander entwickeln (sogenannte

	INNEN	AUSSEN
EINZELNE PERSONEN	Unbewusstes Potenzial, persönliche Bedürfnisse, Überzeugungen, Werte, persönliche Vision, (Selbst-) Bewusstsein, Mentalität, Einstellung, Commitment	Personen m/w, Anzahl, sichtbares Verhalten, Auftreten, Kleidung, gezeigte Fähigkeiten, Skill-Profil, messbare Leistung
UNTERNEHMENSSYSTEM	Wir-Gefühl, Teamgeist, kollektive Ethik, Wertebewusstsein, Unternehmenskultur, Führungskultur, Leitbild, Sinn, Systembewusstsein, gefühltes Betriebsklima	Organisatonsstruktur, Prozesse, Technologie, Lokalität, Räume, Unternehmensauftritt, Meetingformen, Teamverhalten, soziales Umfeld, Markt, Wirtschaftsstrukturen

Abb. 09 | Die Quadranten-Perspektiven: Fokus auf soziale Strukturen (Unternehmen)

«Tetra-Evolution»), müssen alle vier Businessperspektiven gleichzeitig betrachtet werden:

→ Rechts oben werden die Mitarbeitenden als Individuen «von aussen» gesehen (Körper, Verhalten, Neurologie, Anzahl Männer und Frauen, messbare Fähigkeiten etc.). Hier liegt der Schwerpunkt von Personalentwicklung (Rekrutierung, Retention-Management, Skill-Management, Diversity-Management etc.) und von Verhaltens-/Wissenstraining.

→ Rechts unten rückt das funktionale und soziale System in den Fokus, d.h. die Strukturen, Abläufe und sonstigen systemtheoretischen Aspekte. Hier setzt die «klassische» Organisationsentwicklung an.

→ Links oben bildet das «Innenleben» der Menschen im Unternehmen den Mittelpunkt. Es geht um innerlich-individuelle Bewusstseinsaspekte. Durch Coaching lässt sich hier in den Köpfen «Commitment» und Servicementalität erzeugen.

→ Links unten rückt der Innenbereich des Systems (Ethik, Kultur, gemeinsames Verständnis, Teamgeist etc.) in den Fokus. Hier geht es z.b. um Leitbildentwicklung, Erzeugung von Wir-Gefühl und kulturelle Team-/Unternehmensentwicklung.

3. PROZESS: die Choreografie des «Chaos»

Was ist eine Organisation? Stellen wir uns einen Ameisenhaufen vor. Tausende winzige Wesen huschen herum. Alles und alle in Bewegung. Wimmelndes Leben, scheinbar ohne Sinn. Der Eindruck totalen Durcheinanders.

Dass im Ameisenstaat so etwas wie Ordnung herrschen soll, kann man kaum glauben; erkennen kann man sie ohnehin nicht. Doch weit gefehlt: Ameisen leben tatsächlich organisiert, sie bilden ein soziales System. Ein System, das ständig in Bewegung ist. Nie stillsteht. Und das macht es umso schwieriger, den Haufen zu durchblicken. Nur Ameisenforscher können das. Ich bin jedenfalls keiner. Und der Ameisenhaufen ist natürlich nur eine Metapher. Bevor ich mich also noch weiter auf mir unbekanntem Terrain bewege, zurück zur Theorie und zur Frage, was eine Organisation per Definition ist.

Organisationen im institutionellen Sinne haben eine soziale Struktur. Sie bilden soziale Systeme. Die Struktur einer Organisation entsteht aus planvollem und zielorientiertem Zusammenwirken der Beteiligten. Sie bildet eine eigene Welt. Einen eigenen Kosmos. Sie grenzt sich ab, interagiert aber auch nach aussen mit anderen Organisationen und Individuen. Je grösser und komplexer die Organisation ist, desto unüberschaubarer ist sie.

Ich bewege mich und agiere innerhalb von Organisationen. Und das, was ich tue, Organisationsentwicklung, dient der Gestaltung von Veränderungsprozessen innerhalb von Systemen. Um diese Veränderungsprozesse durchführen zu können, muss ich die Komplexität eines

Systems ganz durchblicken. Hier hilft die ganzheitliche Sicht des Organisationsentwicklers.

Bei der Organisationsentwicklung unterscheidet man zwischen einem personalen und einem strukturalen Konzeptansatz. Der individuumszentrierte Ansatz befasst sich ausschliesslich mit dem Menschen als Mittelpunkt im Prozess der Organisationsentwicklung. Der strukturale Ansatz befasst sich ausschliesslich mit den Strukturen und Abläufen in der Organisation. Es gibt Vertreter innerhalb meiner Zunft, die entweder nur dem einen oder dem anderen Ansatz folgen. Ich vertrete die Position, dass sowohl die Menschen als auch die Strukturen in den Organisationsentwicklungsprozess integriert werden müssen. Nur so kann ich dem systemischen Anspruch gerecht werden. Ausserdem kann ich den Angehörigen einer Organisation nur dann eine tragende Rolle am Prozess zugestehen, wenn ich sie einbeziehe. Partizipation zählt neben Prozessorientierung und Langfristigkeit daher zu den drei Grundprinzipien meiner Arbeit. Ziel ist, dass sich das Problemlösungspotenzial der Beteiligten vergrössert und damit die umfassende Selbstorganisation und Selbsterneuerungsfähigkeit der Organisation sowie jedes Einzelnen möglich wird.

Die vier Bausteine integraler, ganzheitlicher Entwicklung
Im Zentrum meines Tuns steht die integrale, ganzheitliche Entwicklung, der Wandel. Die vier Bausteine meines Tuns sind für mich Ordnungsprinzip und Leistungsmatrix zugleich: strategische Unternehmensentwicklung, Kultur- und Werte-Entwicklung, Executive Coaching, Training und Empowerment.

4 BAUSTEINE GANZHEITLICHER
Entwicklung

Abb. 10 | Die Initialfrage: «Wie kann ich helfen?»

▬▬▬▬ **1. STRATEGISCHE UNTERNEHMENSENTWICKLUNG**

Strategische Unternehmensentwicklung beziehungsweise Organisationsentwicklung bedarf einer ganzheitlichen Betrachtung und Abstimmung von internen und externen Entwicklungsprozessen (z.B. Mission – Vision – Strategie). Diese führen durch eine prozessorientierte, konsequente Umsetzung und Kontrolle (Coaching, Training) zu einer nachhaltig wirkenden, unternehmerischen Leistungs- und Erfolgsoptimierung.

Worum geht es? (Beispiele zur Veranschaulichung)

→ Entwicklung und Umsetzung von Leitbildern, Strategien und Massnahmeplänen entsprechend dem unternehmerischen Zweck, der Vision und der Mission.

→ Zusammenführen verschiedener Perspektiven, abweichender Denk- und Wertesysteme und unterschiedlicher Bewusstseinslevel zu einer gewinnbringenden Lösung.

→ Verbindung von «harten» (betriebswirtschaftlichen) und «weichen» (menschlichen) Faktoren zu praxisnahen leicht umsetzbaren Massnahmen.

2. KULTUR- UND WERTE-ENTWICKLUNG

Eine Visualisierung zur ganzheitlichen Werte- und Bewusstseinsentwicklung von Individuen, Teams sowie ganzen Unternehmen bietet mir das Modell der «Spiral Dynamics», das von Don Beck[25] entwickelt wurde. «Spiral Dynamics» ist kein Konzept, das Menschen in Schubladen steckt. «Spiral Dynamics»[26] zeigt auf, welche Werte Menschen, Teams und Unternehmen prägen und welche sie für wichtig erachten und wie diese, zum Beispiel bei Kunden, wahrgenommen werden könnten. Aus den Erkenntnissen, die sich mit Hilfe des «Spiral Dynamics»-Modells gewinnen lassen, kann ich gezielte Wahl- und Anpassungsmöglichkeiten definieren und auf Wunsch in Prozesse implementieren. Ich selbst wurde von Don Beck ausgebildet.

Brüder im Geiste: Graves und Maslow

Graves und Maslow sind nicht nur Zeitgenossen gewesen. Sie standen im direkten kollegialen Austausch. Graves' Studien zur Maslow'schen Bedürfnispyramide bestätigten die Ergebnisse Maslows jedoch nur zum Teil. Die Differenzen waren Antrieb für Graves, weiter zu forschen. «Graves' Theorie behauptet, dass der Mensch infolge der zwischen äusseren Bedingungen und innerem neuronalen System

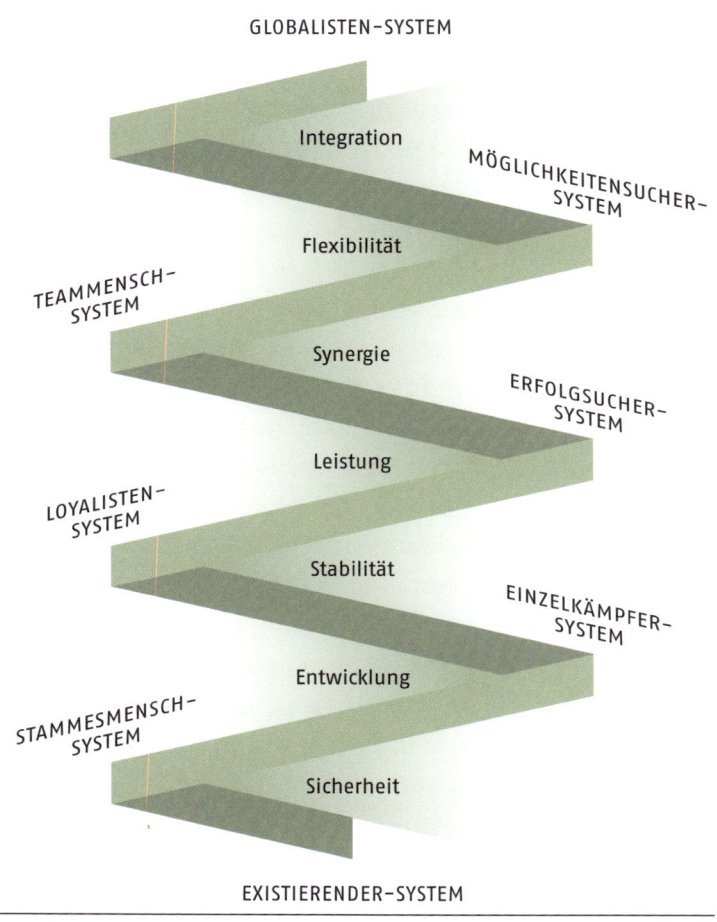

GLOBALISTEN-SYSTEM

Integration

MÖGLICHKEITENSUCHER-SYSTEM

Flexibilität

TEAMMENSCH-SYSTEM

Synergie

ERFOLGSUCHER-SYSTEM

Leistung

LOYALISTEN-SYSTEM

Stabilität

EINZELKÄMPFER-SYSTEM

Entwicklung

STAMMESMENSCH-SYSTEM

Sicherheit

EXISTIERENDER-SYSTEM

Abb. 11 | Graves' Theorie bzw. Modell der menschlichen Existenzebenen

stattfindenden Interaktion neue bio-psycho-soziale Aktionssysteme bildet, die aufgetretene existentielle Probleme lösen und fähig sind, das neue Szenario zu verstehen. Diese Aktionssysteme sind abhängig von der kulturellen und individuellen Entwicklung des Menschen. Sie sind manifestiert auf den jeweiligen Ebenen der Individuen, der Gesellschaft und der Arten.»[27]

«Clare Graves' Originaltheorie ist bekannt als ‹*Emergent Cyclic Double-Helix Model of Adult Biopsychosocial Systems Development*› oder einfacher: die *Levels of Existence Theory* (ECLET). Der von Beck und Cowan in *Spiral Dynamics* eingeführte Begriff Wert-Meme ersetzte zusammen mit der Farbterminologie die Originalbezeichnungen von Graves. (...) Beck und Cowan betonen aus Graves' Theorie die ‹wechselnden Zustände›. Sie markieren Orientierungspunkte auf dem Weg der Transformation zwischen den Ebenen. Graves' Originaltheorie benutzt ein Doppelhelix-Modell, um die Wechselbeziehungen zwischen dem individuellen Erkenntnisvermögen bezüglich der Lebensbedingungen und dem für die Ebene der psychischen Existenz bestimmenden neuronalen System der Individuen zu zeigen. Diese Doppelhelix für zwei interagierende Kräfte ist in *Spiral Dynamics* ebenfalls als Spirale dargestellt.»[28]

Graves: «In jeder Stufe der menschlichen Existenz ist der erwachsene Mensch auf der Suche nach dem heiligen Gral, der Art, wie er zu leben wünscht. Auf der ersten Stufe sucht er nach automatischer körperlicher Befriedigung (1). Auf der zweiten Stufe sucht er eine sichere Art zu leben (2), und dies ist gefolgt, als nächstes, von der Suche nach Heldentum, Macht und Ruhm (3), einer Suche nach höchstem Frieden (4), einer Suche nach materieller Zufriedenheit (5), einer Suche nach liebevollen Beziehungen (6), einer Suche nach Selbstachtung (7) und einer Suche nach Frieden in einer unverständlichen Welt (8). Und wenn er merkt, dass er diesen Frieden nicht findet, wird er sich auf die Suche der neunten Stufe machen.»[29]

Das «Spiral Dynamics»-Modell

Das Modell wurde von Don Beck (zusammen mit Chris Cowan) auf der Grundlage der Theorien von Clare W. Graves entwickelt, der sich wiederum auf Maslow bezieht. 1996 stellten Beck und Cowan ihre Theorie in ihrem Buch «Spiral Dynamics: Mastering Values, Leadership, and Change» (deutsche Ausgabe 2007: «Spiral Dynamics – Leadership, Werte und Wandel») ausführlich vor. Laut Beck und Cowan sind Menschen «unter drängendsten Umständen fähig, ihre Umwelt durch neue konzeptionelle Modelle so zu gestalten, dass (alle) neu entstandenen Probleme bewältigt werden können. (...) Nach Beck und Cowan sind diese konzeptionellen Modelle in sogenannten Wert-Memen organisiert (engl.: value memes). Als Mem wird das kulturelle Pendant zum biologischen Gen bezeichnet – es bezeichnet einen bestimmten Bewusstseinsinhalt (z.B. einen Gedanken), der durch Kommunikation weitergegeben wird und sich damit vervielfältigt. In der Konsequenz gibt es bei der Idee von Beck und Cowan eine endlose Folge von Lösungsmöglichkeiten.»[30] Die Stufen der Bedürfnisbefriedigung teilen Beck und Cowan farblich auf.

1. **Beige:** archaisch, instinktiv, überlebensbestimmt, selbsttätig, reflexologisch
2. **Violett:** animistisch, tribalistisch, magisch-animistisch

3. Rot: egozentrisch-ausbeuterische Gewaltgötter

4. Blau: absolutistisch, gehorsam, mythisch, ordentlich, entschlossen, autoritär

5. Orange: vielfältig, effizient, wissenschaftlich, strategisch

6. Grün: relativistisch, personalistisch, kommunitaristisch, egalitär

7. Gelb: systemisch-integrativ

8. Türkis: holistisch

9. Koralle: Nach oben offene Theorie (lässt weitere Stufen erwarten)

Abb. 12 | Die Visualisierung der menschlichen Werte-Entwicklung

Mehr als eins plus eins: Theoriearbeit und Arbeitspraxis
Es gibt nicht wenige Modelle, die bei der Entwicklung von Organisationen dienlich sind. Wozu braucht man eigentlich diese ganze Theorie? Denken wir noch einmal an den Ameisenhaufen. Die Theorie hilft uns, einen oder mehrere Ausschnitte der Realität zu beschreiben. Man zerlegt das Ganze in Segmente und beschäftigt sich zunächst bewusst mit Teilaspekten. Aus den Ausschnitten der Realität werden Modelle. Modelle müssen wir uns als Bildteile vorstellen; als Mosaiksteinchen eines grossen Bildes. Theorien helfen uns also, grossformatige Bilder zu entwerfen beziehungsweise diese Bilder zu überblicken, ihre Prinzipien, ihre Ordnung und Strukturen zu begreifen; etwas zu verstehen, was auf den ersten Blick scheinbar unbegreifbar ist. So unbegreifbar wie das Leben im Ameisenhaufen. Im «Chaos» hilft uns die Theorie, eine Choreografie zu erkennen.

Eine brauchbare Theorie beziehungsweise ein theoretisches Modell muss jedoch nicht nur den Status quo erfassen, sondern auch Prognosen ermöglichen. Diese müssen dann in der Praxis tatsächlich eintreffen und falsifizierbar[31] werden. Auf die Prognostizierbarkeit meiner Entwicklungsarbeit gehe ich im Kapitel «POTENZIAL: vom Status QUO zum Status QUAlität», ab Seite 155, noch genauer ein. In diesem Kapitel befasse ich mich konkret mit der Möglichkeit der Erfassung von Dienstleistungsstärken und -schwächen von Organisationen auf Basis eines speziellen «Analyse-Werkzeugs».

Apropos Werkzeug: Abschliessend sei bemerkt, dass ich nicht strikt akademisch zwischen Theorie und Praxis trenne.

Für mich ist die Anwendung theoretischer Modelle bereits Teil meiner praktischen Tätigkeit. Ich arbeite mit Entwicklungs- und Wertemodellen wie ein Zimmermann mit Hammer und Nagel.

Theoriearbeit und Arbeitspraxis ergänzen sich, gehören zusammen wie Hammer und Nagel.

3. EXECUTIVE COACHING

Executive Coaching ist ein dauerhaft wirkendes Instrument zur Wahrnehmung, Gestaltung und Beschleunigung von Veränderungsprozessen und Entwicklungen. Executive Coaching, wie ich es verstehe, hat das Ziel, den Coach überflüssig zu machen. (Vermeidung der Abhängigkeit vom Coach!)

Für wen eignet sich Executive Coaching?

Executive Coaching eignet sich gleichermassen für Menschen in beruflichen wie in privaten Veränderungsprozessen. Executive Coaching ist zeitlich begrenzt, systematisch und zielorientiert.

Führungskräfte-Entwicklung

Führungsrollen und Führungsstile verändern sich dynamisch; unter dem Einfluss äusserer Entwicklungen nicht selten ungeplant, scheinbar oft ohne erkennbare Strategie. Meine speziellen Führungskräfte-Trainings dienen der gezielten Weiterentwicklung von Führungskräften (aufgebaut auf den Identitäten und Werten des Unternehmens), die diese Veränderungen kontrolliert und aktiv nutzen wollen – für ihren persönlichen Erfolg und den Erfolg ihres Unternehmens.

4. TRAINING UND EMPOWERMENT

Training und Empowerment bezeichnet das Einüben klar strukturierter Massnahmen zur Verbesserung und Erhaltung der unternehmerisch angestrebten Leistungsfähigkeit (Verhalten, Fähigkeiten). Es werden Vorgehen, Taktiken und Kompetenzen eingeübt oder ausgebaut, die für den unternehmerischen Erfolg unverzichtbar sind.

Die Macht der Fragen – oder was fragen macht

Ich glaube an die Macht der Fragen. Im hier vorliegenden Kapitel stelle ich einige meiner gängigsten Fragen. Sie zählen zu den Grundfragen:

→ Haben wir eine Unternehmenskultur? Wenn ja, was macht unsere Kultur aus? Wie kann sie unseren Kunden dauerhaft wirksam vermittelt werden?

→ Haben wir eine unternehmerische Mission und Vision?

→ Verfügen wir über eine Strategie, um unsere Mission und Vision zielführend umzusetzen?

→ Für wen machen wir das eigentlich alles?

→ Wohin soll unsere gemeinsame Reise gehen?

→ Wie folgen wir unseren Zielen? Sind es unsere Ziele?

→ Woran glaubt unser Unternehmen? Wie folgen wir welchen Werten?

→ Welche Wertesysteme sind innerhalb unseres Unternehmens wann, wo und wie aktiv und was bewirken sie?

→ Als wer oder was wollen wir wie im Markt wahrgenommen werden?

→ Wie können wir die Vergangenheit mit der Zukunft über die Gegenwart vereinen?

→ Woran richten sich unsere Prozesse, woran richtet sich unser Verhalten aus?

→ Wie werden Entscheidungen getroffen, wie in Gang gesetzt und wie kontrolliert?

→ Wie soll wer, wann, wen anleiten, um was zu tun?

→ Welches unternehmerische Bewusstsein wird durch wen (vom Einzelnen bis zum Team) wie gelebt respektive geprägt?

→ Wie kann ich mich/wie können wir uns dauerhaft und autark verändern?

→ Welche Ressourcen (Hilfsmittel) kann ich wie zur Veränderung aktivieren?

→ Wie bin ich authentisch und kompetent im Umgang mit Vorgesetzten, Partnern, Mitarbeitern und Kunden?

→ Welche Fähigkeiten und welches Verhalten müssen meine Mitarbeitenden unbedingt anwenden können?

Warum so viele Fragen? Und warum überhaupt Fragen, werden Sie sich fragen – wo Sie doch eigentlich auf Antworten gehofft haben.

Meine These: Wir fragen viel zu wenig. Oder wir fragen erst, wenn es schon zu spät oder wenn es gar vorbei ist. Etwa wenn eine Beziehung vorbei ist. Dann fragen wir uns nach den Gründen. Was ist eigentlich falsch gelaufen? Oder wenn ein nahestehender Mensch gestorben ist. Dann fragen wir uns, warum wir ihn dieses oder jenes nie gefragt haben.

Warum sind Fragen so wichtig? Zum einen, weil sie eine Verbindung zwischen dem Fragenden und dem Antwortenden herstellen. Sie fördern das Miteinander, die Beziehung.

Über allen Fragen, die ich stelle, steht daher meine Initial-frage, die ich immer wieder benutze: «Wie kann ich helfen?» Mit dieser Frage nehme ich Kontakt auf und zeige, dass ich mich für die Probleme des anderen interessiere. Ich will damit aber auch zeigen, dass mir die Menschen wirklich wichtig sind.

Fragen bauen Brücken, bringen eine Entwicklung in Bewegung oder auch Bewegung in einen stockenden Prozess. Und wenn wir in grösseren Dimensionen denken, dann wird klar, dass Fragen von erheblicher Bedeutung für den Fortschritt sind. Und wenn wir jetzt noch ein wenig weiter denken und uns fragen, was Fortschritt eigentlich ist, dann werden wir erkennen, dass Fragen Entwicklungen anstossen und zu umfangreichen Veränderungen führen können: Veränderung, Entwicklung, Wandel. Aus den richtigen Fragen entsteht neues Wissen, entsteht Erkenntnis, auch Selbsterkenntnis. Fragen bringen den Befragten zum Nachdenken (Wer bin ich? Woher komme ich? Wohin will ich?). Sie führen zu Reflexionen und im besten Fall zu Veränderungen.

Darum müssen sich meine Kunden meine Fragen gefallen lassen. Nur so werden sie selbst Ideen und Konzepte entwickeln, wie sie ihre Organisation aus eigener Kraft verändern können.

> *Fazit: Starke Fragen machen vor allem etwas mit dem, der sie gestellt bekommt. Sie lösen Selbstver-änderungskräfte aus. Darum sind Fragen so mächtig.*

4. PARADIGMA: der prozessorientierte Wandel

Die Evolution hat es uns gelehrt: Wer sich wandelt, überlebt. Dieses seit Jahrmillionen bewährte Prinzip hat auch heute noch höchste Relevanz. Auf die Wirtschaft und Gesellschaft unserer Tage adaptiert, heisst das: Organisationen und Systeme dürfen nicht stillstehen, müssen sich ständig weiterentwickeln, stets bereit sein für den Wandel. Business muss rocken! Ob in Konzernen, KMU, Familienbetrieben oder Non-Profit-Unternehmen. Organisationsentwicklung ist der Motor, der Organisationen antreibt und sie überleben, aufblühen und erstarken lässt.

> **Prozessorientierter Wandel aus meiner Hand:**
> **1. ANSTOSSEN:** begreifen, worum es im Ganzen geht, und den Wandel initiieren
>
> **2. BEWEGEN:** Entwickeln und Implementieren von gemeinsam erarbeiteten Wandlungs-, Lösungs- Anpassungs- und Umsetzungsmöglichkeiten
>
> **3. ROCKEN:** umsetzen, anwenden, agieren – mit dem Ziel, die Selbsterneuerungsfähigkeit der Organisation möglich zu machen

1. ANSTOSSEN

«Aller Anfang ist schwer.» Wer so denkt, macht es sich gewiss nicht leicht. Wer so denkt, bremst sich von Anfang an, ohne überhaupt angefangen zu haben.

ANSTOSSEN ▸ BEWEGEN ▸ ROCKEN

Abb. 13 | So kommt Leben in den Prozess: die drei Phasen des Wandels

Ja, anfangen ist für die meisten Menschen eine schwere Aufgabe. Die meisten Menschen haben nämlich Angst, sie könnten etwas falsch machen und versagen sich so jede Möglichkeit, Neues zu entdecken, das Leben aktiv zu gestalten, ihrem Dasein einen positiven Dreh zu geben.

Andere Menschen glauben um ihre Schwächen zu wissen. Sie glauben daher, dass sie es am besten gleich lassen sollten, etwas zu verändern. Ich frage mich: Warum orientieren sich nicht mehr Menschen an den positiven Eigenschaften, die in ihnen wohnen?

Unterm Strich gilt das natürlich auch für Organisationen, die sich nicht wandeln wollen, weil sie das Risiko scheuen, das damit verbunden sein kann. Dabei sind die Risiken, die mit einem verpassten Wandel verbunden sind, meist vielfach höher. Oft sehen die «Leader» dieser Organisationen gar keinen Anlass, die Organisationen weiterzuentwickeln. Ja, oft kennen die Verantwortlichen nicht einmal die Stärken und Schwächen ihrer Organisationen; häufig nicht einmal ihre eigenen. Obwohl sich daran Anzeichen für einen möglichen Wandel erkennen liessen und sich daraus eine Strategie für den Wandel ableiten liesse.

Warum also anfangen? Lieber machen sie es sich leicht und lassen alles beim Alten. Läuft doch alles wie von selbst – irgendwie. Doch vor Selbstläufern sei gewarnt ...

Diese Schlagzeile kam 2015 sicherlich für viele überraschend: «Der Burger-Riese taumelt. So hat McDonald's den

140

Wandel in der Gastro-Branche verschlafen».[32] Ein Schnell-
restaurant, das eine Entwicklung verschläft, ist an sich
schon paradox. Ich zitiere dieses Beispiel aber vor allem,
weil es zum einen so prominent ist und zum anderen weil
daran erkennbar wird, was das Unternehmen viel zu lange
nicht verstanden hat: Das Business mit dem Fast-Food ist
kein Selbstläufer mehr. Vor vierzig Jahren, als McDonald's
nach Deutschland kam, veränderte das Fast-Food-Kon-
zept die Esskultur der Deutschen. Heute, eine Menschen-
generation später, verändern die Bürger ihre Esskultur –
und die Burger-Ketten merken davon nichts.

Der heutige Gast will seinen Burger nämlich nicht nur bil-
lig, er wünscht sich ausser Hackfleisch und Käse noch etwas
obendrauf: Service. Anders gesagt: Er will nicht nur seinen
Heisshunger stillen, er will auch Dienstleistung. Er will sich
einfach wieder mehr als Gast fühlen. Ist das nicht ein Widerspruch? Service in einem Selbstbedienungsrestaurant?

«Klar ist: Der Fast-Food-Gigant hat in den vergange-
nen Jahren wichtige Gastronomie-Trends verschlafen. Die
Kunden wandern ab – zur Restaurantkette Vapiano oder
zu kleineren, hippen Burger-Startups wie Hans im Glück.
Statt im Akkord vorproduzierte Burger bekommt der Kunde hier frische Produkte, bei deren Zubereitung er sogar
zuschauen kann.

Dass Vapiano & Co. deutlich teurer als McDonald's sind,
stört die Kunden offenbar nicht. Zwischen 2007 und 2013
vervierfachte Vapiano seinen Umsatz auf heute 160 Mil-
lionen Euro. (...) Das zeigt: Die reine Nahrungsaufnahme
verliert bei den Gästen immer mehr an Bedeutung, dafür
wird die soziale Komponente wichtiger. ‹Wir beobachten

eine Abkehr vom reinen Preisgedanken. Nicht mehr nur der Preis ist wichtig, sondern eher die Qualität der Produkte, das Ambiente und die Atmosphäre. Diese Relation wird bewertet, der absolute Preis spielt bei den Menschen immer seltener eine Rolle›, sagt Jochen Pinsker vom Marktforschungsunternehmen *npdgroup*.

Wer heute Hunger hat, will nicht mehr an verklebten Tischen sitzen und von gestressten Akkord-Arbeitern an der Kasse bedient werden. Die Erwartungen an Schnellrestaurants sind gestiegen. Das Restaurant soll gemütlich und familienfreundlich, das Essen qualitativ hochwertig sein. Die Menschen gehen offenbar wieder öfter in Restaurants mit Tischbedienung.»[33]

Ein weiteres Praxisbeispiel geht mir als Schweizer besonders nahe. Es betrifft den Schweizer Tourismus im Allgemeinen und die Schweizer Gastfreundschaft im Besonderen. Auch hier wurden Entwicklungen nicht erkannt. Aber der Reihe nach:

Es gab einmal eine Zeit, die ist noch gar nicht so lange vergangen, da waren wir Schweizer bekannt für Fondue, Berge, Schokolade und Uhren. An der Schweiz schätzte man die Zuverlässigkeit, Präzision und Natürlichkeit. Ausserdem galt unsere Gastfreundschaft Vielen viel. Sie war weltberühmt und hoch angesehen. Fondue, Berge, Schokolade und Uhren gibt es freilich auch heute noch. Auch unsere viel gepriesene Schweizer Gastfreundschaft soll auf oder hinter dem ein oder anderen Berg weiter existieren. (Davon können wir – um im Bild zu bleiben – felsenfest ausgehen!)

Was aber heutzutage vor allem das Image unserer schönen Schweiz in der Öffentlichkeit jenseits der Landesgrenzen prägt, sind negative Schlagzeilen. Die einst so positive Schweiz-Wahrnehmung der Menschen im Ausland hat gelitten, sie wurde und wird durch Skandalgeschichten made in Switzerland getrübt: Von Steuerhinterziehung, Geldwäsche und Schwarzkonten ist die Rede. Und immer fällt dabei der Name Schweiz. Und am 15. Januar 2015 kam auch noch die Verteuerung des Schweizer Frankens dazu. Da fiel die Kopplung an den Euro. Schon wieder stand Geld im Mittelpunkt. Alles wenig sympathiefördernd für die Schweiz und weit entfernt von gastfreundlich.

Was hat das alles mit dem Schweizer Tourismus, der Hotellerie und Gastronomie zu tun? Ganz einfach. Wenn die Dachmarke (Swissness) schlecht wegkommt, leiden darunter alle Produkte und Dienstleistungen der Marke Schweiz. Swissness war der erfolgreiche Versuch, die Schweiz als Marke zu positionieren. Damit verbunden waren die positiv konnotierten Attribute Fairness, Präzision, Zuverlässigkeit, politische Stabilität, Natürlichkeit, Genauigkeit, Sauberkeit – und nicht zuletzt unsere berühmte Gastfreundschaft. Dass diese Vorteile etwas mehr kosteten und die Schweiz vielleicht mit dem ein oder anderen Finanzskandälchen in Verbindung gebracht wurde, hatten sich die Bürger aus dem Euroraum, insbesondere aus Deutschland, lange gefallen lassen. Doch jetzt war ihre Geduld am Ende.

Mit Interesse und Neugier beobachteten sie jene Schweizer, die vor allem unmittelbar nach Ablösung des Frankens vom Euro, über die Grenze nach Deutschland zum

Einkaufen pilgerten. Und sie resümieren: «Wenn schon für die Schweizer das eigene Land zu teuer wird, wie soll es, bitte schön, uns dabei ergehen? Unbezahlbar!»

Die Schweiz als Tourismusland war plötzlich kein Selbstläufer mehr. Womit wir beim zentralen Thema wären: Buchungsrückgänge und/oder Stornierungen, die die Schweizer Gastbetriebe seitdem drücken. Was tun? Wer in die Enge gedrängt wird, hat zwei Möglichkeiten: Abwehr oder Angriff.

In den letzten hundert Jahren konnten wir uns wohl nicht beklagen. Die Gäste kamen. Auch die, die wir Schweizer vielleicht nicht zu den 5-Sterne-Touristen zählen würden. Sie haben uns trotzdem besucht und es waren sehr viele und sie haben viel Geld bei uns gelassen. Sie sind es, die sich jetzt anderweitig umschauen. In Österreich etwa oder in Südtirol.

Doch Hand aufs Schweizer Herz: Was nützt uns das Jammern? Gar nichts. Unsere Uhrenindustrie war auch schon mal am Boden. Und da ist der Schweizer Tourismus noch lange nicht.

Am 17. Februar 2015 listete Hotelleriesuisse in ihrem «Massnahmenkatalog nach der Aufhebung des Euro-Mindestkurses» ganz oben: «Es liegt in der unternehmerischen Verantwortung der Hoteliers, Massnahmen in den folgenden Bereichen zu ergreifen: Weitere Qualitätssteigerung in den Bereichen Produkte und Dienstleistungen sowie Einführung innovativer Produkte und Dienstleistungen.»

Aha! Dienstleistungen. Gut gebrüllt. Die Frage «Was tun?» war damit schon eindeutig beantwortet worden. Jetzt musste es nur noch geschehen. Und geschehen heisst tun.

«Wie tun?» Hier lautet die Antwort: Wer weiter denkt, geht die Herausforderungen der Wirtschaft ganzheitlich an. Er denkt global, fördert gemeinsam Regionales, handelt und lebt analog seiner lokalen Verbundenheit – zum Nutzen aller aktiv Partizipierenden. Mit einem Satz: Er sucht stetig nach Möglichkeiten der dienstleistungsorientierten Weiterentwicklung von Mensch, Team und Organisation.

Wohin wollen wir? – Wer im heutigen, schnelllebigen Markt die Veränderung selbst darstellen will, erfindet Teile seines eigenen Geschäftes alle paar Jahre neu; angefangen beim Geschäftsmodell über die Strategie bis zu den Produkten, der Interaktion mit dem Kunden und dem Design, er bricht Strukturen auf, schichtet um – verändert manchmal sogar sein ganzes Geschäftsfeld, manchmal sogar häufiger als alle paar Jahre.

Der Unternehmer – und das Wort steht für sich selbst – nimmt seine Verantwortung wahr. Er unternimmt, nimmt selbst in die Hand. Vor allem ist er sich stets seiner Pflicht zur Weiterentwicklung bewusst.

Fazit: Das zentrale Thema der Zukunft muss Wendung heissen, Wandel durch Veränderung und Innovation hin in Richtung Business Excellence – in allen Branchen mit allen Produkten, allen Dienstleistungen. Das Ziel am Ende des Tages oder, sagen wir es besser positiv, am Anfang des neuen Morgens, lautet unmissverständlich: durch dienstleistungsorientiertes Handeln zu gewinnorientiertem Wirken.

Anfangen lautet das Schlüsselwort für alle Organisationen, die den Wandel wollen. Ganz gleich, ob sie Entwicklungen verschlafen haben oder Entwicklungen und damit Veränderungen aktiv in Angriff nehmen wollen.

Am Schluss dieses Kapitels komme ich noch mal auf jenen Anfang zurück, der ja dem Sprichwort nach so schwer sein soll. Neben jenem Zitat gibt es dutzende anderer Sprichworte, die das Anfangen zum Thema haben. Darunter sind zum Glück auch solche, die uns locken. Sie zeichnen Welten vor, die immer schon unsere Phantasie befeuert haben, die wir uns aber nie wagten zu betreten. Diese Sprichworte fordern dazu auf, dass wir uns zu uns selbst bekennen, unserer inneren Stimme folgen, zu unseren Ideen stehen, authentisch werden, anfangen (all das gilt selbstredend auch für Organisationen). Interessanterweise kennt unsere Alltagssprache sogar mehr Sprichworte mit positiver Botschaft. Das allein sollte uns optimistisch stimmen. «Auch eine Reise von tausend Meilen beginnt mit dem ersten Schritt.» «Der Anfang ist die Hälfte des Ganzen.» «Wer nur begann, der hat schon halb vollendet.» «Anfang und Ende reichen sich die Hände.»

Allein die Vorstellungen, dass der Anfang vom Ziel gar nicht so weit entfernt ist, kann uns anregen; dass am Ende ein «Schatz» auf uns wartet, kann uns begeistern.

Als Organisationsentwickler ist es meine Aufgabe, solche Gedanken in Ihrem Kopf anzustossen und Ihre Vorstellungskraft zu befeuern. Ich tue das mit meiner Leidenschaft für die Sache. Lassen Sie sich anstecken. Das muss gar nicht so schwer sein. Manchmal reicht dazu schon ein Funke.

2. BEWEGEN

Ich habe keine Lösungen im Gepäck, denn die Lösung ist schon da. Die Lösung liegt im System. Also bei Ihnen. Also in der Organisation. Wenn alle, die der Organisation angehören, mit ihren unterschiedlichen Sichtweisen an der Entwicklung der Lösung arbeiten, werden Sie staunen, was sich alles bewegen lässt.

Ich bin kein Anführer, dem Sie blind hinterherlaufen müssen. In meiner Arbeit setze ich auf die Vielfalt der Perspektiven und auf kollektive Intelligenz. Ich bin Gast auf Zeit. Ich bin ein «Gastarbeiter» im besten Sinne des Wortes. Dieser Rolle bin ich mir bewusst.

Als Externer kann ich den Wechsel nicht managen. Also werde ich mich integrieren, wenn Sie mich lassen. Und ich werde intervenieren, weil ich muss. Dabei haben Sie alle Freiheiten, sich innerhalb der Leitplanken, die ich vorgebe, zu bewegen.

Ich begleite Sie auf Ihrem Weg. Wir entwickeln gemeinsam. Ich kann die Entwicklung erleichtern, möglich machen. Die Lösungs- und Umsetzungsmöglichkeiten sind für Sie aber frei wählbar. Ich bin eine Art Lotse. Ich lotse Sie durch den Prozess. Dabei geht es mir darum, bei Ihnen und allen Beteiligten einen Prozess einzuleiten, der Selbsteinsicht erzeugen soll. Denn nur Sie selbst haben die Macht, Dinge in Ihrem Sinne in Bewegung zu setzen.

3. ROCKEN

«Sit and listen» – diese Methode ist wenig hilfreich, wenn wir Menschen dazu bewegen wollen, eigenverantwortlich zu handeln und damit auch Verantwortung für das

Facilitation

Ganze zu übernehmen. Wir müssen die Menschen «wach-rütteln», wollen wir ihre Potenziale aufdecken. Rock ist ein Wachmacher. Rock ist Bewegung. Rock ist Rhythmus. Rock ist dynamisch. Rock ist für mich Sinnbild meines Stils und ein Bild, für das, was ich bei Ihnen mit meiner Tätigkeit und Leidenschaft erreichen will: Sie selbst müssen den Business-Rocker in Ihnen zum Leben erwecken. Denn Sie sind es schliesslich, der die Organisation zum Rocken bringen muss.

Warum ist Rock ein Sinnbild für mich? Rock steht nie still. Rock hat sich in den letzten sechs Jahrzehnten immer wieder verändert. Die Wurzeln des Rock liegen im Rock 'n' Roll der 1950er Jahre, dominiert von Gitarre, Schlagzeug, Saxophon. In den letzten Jahren haben sich elektronische Klänge und Synthesizer in der Rockmusik etabliert. Hätte die Rockmusik sich nicht bis zum heutigen Tag ständig weiterentwickelt, gäbe es sie wohl nicht mehr. Rock lebt, weil er sich ständig wandelt, neu erfindet.

Rock ist aber noch etwas. Rock ist Anti-Establishment. Rock ist unangepasst. Rock ist Abkehr von Kommando und Kontrolle. Rock ist damit einem Führungsstil am nächsten, der herkömmliche Denk- und Handlungsweisen über Bord wirft. Dieser Führungsstil heisst Facilitation. Die «International Association of Facilitators» definiert Facilitation so:

«Facilitation ist die Kunst, die Kraft einer Gruppe durch Dialog und das Streben nach Klarheit zu erschliessen, dabei die aktive Beteiligung zu ermöglichen und die Fülle verschiedener Perspektiven zu begrüssen und zu nutzen.»[34]

Somit gilt: Rocking-Facilitation ist ein Entwicklungs- und Führungsstil, der auf Dialog setzt, antielitär und integrativ. Eine Kultur des Miteinander-Führens und -Entwickelns. Dialogisch und beteiligungsorientiert.

ROCKING-FACILITATION – ODER WIE SIE IHRE ORGANISATION IN ACHT SCHRITTEN[35] ZUM ROCKEN BRINGEN

→ **1.** Ein Bewusstsein für die Dringlichkeit des Wandels schaffen: Markt- und Wettbewerbsgegebenheiten untersuchen; aktuelle und potenzielle Krisenbereiche sowie bedeutende Chancen erkennen und diskutieren.

→ **2.** Die richtungsweisenden Personen in einer Koalition vereinen: Befürworter der Erneuerung zu einer Gruppe vereinen, die die Veränderungsbestrebungen vorantreibt; diese Gruppe mit genügend Macht ausstatten und ermutigen, eng als Team zusammenzuarbeiten.

→ **3.** Eine Mission/Vision für das Unternehmen kreieren: diese Vision den Erneuerungsbemühungen als Richtungsweiser vorgeben; entwickeln, um die Vision zu verwirklichen.

→ **4.** Die gefundene Mission/Vision bekannt machen: jeden möglichen Weg nutzen, um die neu entworfene Vision und die entsprechenden neuen Strategien allen Betroffenen klar zu vermitteln; durch das Beispiel der richtungsweisenden Mitarbeiter, basierend auf deren Glaubenssystemen, neue Verhaltensweisen lehren.

→ **5.** Andere ermächtigen, gemäss der Mission/Vision zu handeln: Hindernisse gegenüber Veränderungen beseitigen; Strukturen und Systeme ändern, die die Realisierung der Vision ernstlich gefährden können; dazu ermutigen, etwas zu wagen; unkonventionelle Ideen, Massnahmen und Handlungsweisen fördern; gemeinsame, aus der Mission/Vision abgeleitete, Unternehmenswerte definieren.

→ **6.** Kurzfristige Erfolge planerisch vorbereiten und herbeiführen: messbare Leistungsverbesserungen planen; die Verbesserungspläne praktisch realisieren; an den Verbesserungen beteiligte Mitarbeiter ausdrücklich benennen und belohnen.

→ **7.** Erreichte Verbesserungen weiter ausbauen: gewachsene Glaubwürdigkeit nutzen, um Systeme, Strukturen und Verhaltensweisen zu verändern, die nicht zu der Vision passen; Mitarbeiter einstellen, fördern und weiter ausbilden, die die Vision erfolgreich umsetzen können; den Erneuerungsprozess mit neuen Projekten, Themen und Change Agents zusätzlich beleben.

→ **8.** Die neuen Lösungswege fest verankern: die Zusammenhänge zwischen den neuen Verhaltensweisen und dem Unternehmenserfolg klar und deutlich herausstellen (Messen am Anfang und am Ende); Mittel und Wege finden, um die Entwicklung in der Führung und die Führungsnachfolge zu sichern.

ANSTOSSEN > BEWEGEN > ROCKEN: DER WANDEL IN SIEBEN PHASEN

1. Phase: Schock
Priorität: zielorientiert kommunizieren. Die Message kurz, verständlich und zukunftsorientiert formulieren. Über den Sachverhalt aufklären. Mit den Betroffenen persönlich reden.

wahrgenommene eigene Kompetenz

Ablehnung
«Das stimmt nicht ...»

2

rationale Einsicht
«Vielleicht doch ...»

3

6

Integration
«Es ist selbst-
verständlich ...»

7

5

Erkenntnis
«Es geht ja
tatsächlich ...»

1

Lernen
«Mal versuchen ...»

Schock
«Das kann nicht
wahr sein ...»

4 — emotionale Akzeptanz
«Es stimmt eigentlich ...»

Zeit

Abb. 14 | Sieben mögliche Stadien während des Wandlungsprozesses

2. Phase: Verneinung

Priorität: konsequent bleiben. Die Veränderung erklären. Den Mitarbeitenden Zeit geben, das Erklärte zu verarbeiten. Einwände anhören und auf Gefühlsregungen achten.

3. Phase: Einsicht

Priorität: beratend zur Seite stehen. Fortschritte loben. Das Neue vorleben; umso mehr wird die Einsicht, dass der Wandel unumgänglich ist, wachsen.

4. Phase: Akzeptanz

Priorität: Vertrauen schenken. Sicherheit geben. Die Mitarbeiter haben die Veränderung nun akzeptiert. Jetzt müssen sie lernen, sie zu leben. Zeigen, dass sie auf Hilfe zählen können, falls sie Zweifel bekommen.

5. Phase: Ausprobieren

Priorität: unterstützen und konstruktiv kritisieren. Die Mitarbeitenden beginnen, den Wandel zu vollziehen. Sie befinden sich in einer intensiven Phase des Lernens. Nicht alles läuft dabei problemlos. Das ist ganz normal.

6. Phase: Erkenntnis

Priorität: die Entwicklung sichtbar machen – denn die Veränderung ist vollbracht. Die Mitarbeitenden erleben, dass sie selbst das Neue geschaffen haben. Sie sind happy. Sie haben den Wandel «überlebt». Sie haben Anerkennung verdient.

7. Phase: Integration

Priorität: Ergebnisse infolge der Veränderungen aufzeigen. Es war ein Kraftakt – von allen Beteiligten –, aber es ist gelungen.

Von Akzeptanz bis Opposition: Alles ist drin

Menschen sind keine Maschinen. Menschliches Verhalten folgt keinen Kausalitäten. Und auf Veränderung reagieren sie nicht wie Computer, die man programmieren, oder Autos, die man lenken kann. Menschen lassen sich nicht steuern. Sie müssen das Steuer selbst in die Hand nehmen. Und auch wenn sie das Steuern selbst übernehmen, dann tun sie das auf sehr unterschiedliche Art und Weise. Da gibt es die Gruppe der «Treiber», die sofort losfahren. Ihnen folgen schon bald jene, die man «bereitwillige Zuschauer» nennt. Im Anschluss daran gehen die «Abwartenden» dann endlich an den Start. Eine Gruppe rührt sich jedoch nicht vom Fleck: die «Verweigerer». Darauf müssen wir uns einstellen. Wie auch auf die anderen Gruppen.

«Treiber», «bereitwillige Zuschauer», «Abwartende», «Verweigerer» – vier verschiedene Gruppen. Entsprechend der jeweiligen Haltung der Mitglieder müssen wir mit diesen für den Menschen typischen Reaktionen umgehen können. In der Praxis kann das folgendermassen aussehen.

Die Treiber: Sie sind die wichtigsten Verbündeten des Organisationsentwicklers. Sie muss man öffentlich fördern und in ihrer Haltung unterstützen. Nutzen kann man sie, indem man sie als Veränderungsmanager einsetzt. Den Kolleginnen und Kollegen zeigt man damit, dass sich Commitment lohnt.

Die bereitwilligen Zuschauer: Sie wollen – wollen aber auch genau wissen, was sie davon haben. Hier heisst es hinhören. Welche spezifischen Motivationen und Ängste äussern sie. Ihre Bedenken sind zu prüfen. Gemeinsam ist herauszufinden, welche Relevanz diese für sie haben.

Die Abwartenden: Nicht drängen. Locker Kontakt halten. Beziehung aufbauen. Ihr abwartende Haltung als gesunde Skepsis würdigen. Aber deutlich machen, dass es keinen zweiten Weg gibt.

Die Verweigerer: Sie sind zunächst ganz bewusst als die Vertreter einer gegnerischen Position zu akzeptieren. Der Organisationsentwickler nimmt ihre Haltung an, um

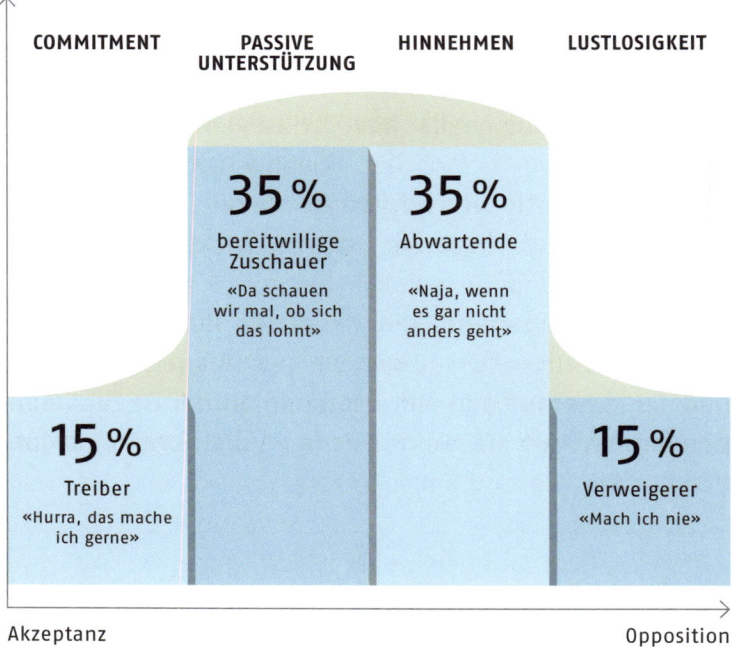

Anzahl Mitarbeiter

| COMMITMENT | PASSIVE UNTERSTÜTZUNG | HINNEHMEN | LUSTLOSIGKEIT |

35%
bereitwillige Zuschauer
«Da schauen wir mal, ob sich das lohnt»

35%
Abwartende
«Naja, wenn es gar nicht anders geht»

15%
Treiber
«Hurra, das mache ich gerne»

15%
Verweigerer
«Mach ich nie»

Akzeptanz   Opposition

Abb. 15 | Sehr menschlich: unterschiedliche Motivation bei Veränderungen

diese dann aber zu widerlegen. Zu viel Zeit und Energie darf darauf nicht verwendet werden. Bewegen sie sich nicht, muss unmissverständlich auf möglichen Konsequenzen ihrer Anti-Haltung hingewiesen werden.

¿ überzeugen ?

„Abers" prüfen → Alternativ antreten

154

„Danke" für den Warst...

5. POTENZIAL: vom Status QUO zum Status QUAlität

Als Organisationsentwickler kann ich Ihr Teamentwickler, Projektmanager und Coach in einem sein. Unser Vorgehen hängt dabei von der allgemeinen Situation und der aktuellen Problematik in Ihrem Hause ab. Und diese gilt es gemeinsam zu ergründen – beziehungsweise gleich anfangs zu klären. Warum?

Es ist schon vorgekommen, dass ich während der ersten grundlegenden Gespräche mit Repräsentanten einer Organisation Informationen erhielt, die mir zeigten, dass der von der Organisation definierten Aufgabe gar nicht das beim Auftrag genannte Problem zugrunde liegt.

Die Antwort auf die Frage, wo wir stehen, wenn wir anfangen über Veränderung nachzudenken, ist aber von erheblicher Bedeutung. Woher sollen wir sonst wissen, was wir zu tun haben, um den Veränderungsprozess in Gang zu bringen? Wie sollen wir das Ziel konkretisieren, wie sollen wir es effizient erreichen?

Nehmen wir einen Sportler. Der Sportler will seine Leistungsfähigkeit steigern. Was muss er dazu tun? Seine Technik verbessern? Seine Ausdauer erhöhen? Seine mentale Stärke optimieren? Seine Schnellkraft trainieren? Muss er seine Ernährung variieren? Oder muss er alles zusammen tun? Und wenn ja, in welcher Intensität? Muss er alle Faktoren gleichwertig angehen? Und wenn ja, in welcher Reihenfolge? Fragen über Fragen. Sie müssen am Anfang stehen. Erst wenn in allen Bereichen Klärung herbeigeführt wurde und der Trainer den Status quo, also den aktuellen Trainingsstand ermittelt hat, kann er für seinen Schützling einen Trainingsplan entwickeln, der individuell auf die Leistungssteigerung des Sportlers ausgerichtet ist.

In etwa vergleichbar mit der Situation des Trainers im Sport ist die Ausgangssituation des Organisationsentwicklers im Unternehmen (oder in einer anderen Organisationsform). Mit dem Unterschied, dass es bei der Tätigkeit des Organisationsentwicklers nicht um eine Leistungssteigerung mit Blick auf sportliche Rekorde geht, sondern um eine Steigerung der Kompetenz des Unternehmens und der Mitarbeiter mit eindeutigem Fokus auf Dienstleistungsstärke.

Der Organisationsentwickler nimmt am Anfang seiner Tätigkeit die Unternehmensstrukturen und -prozesse genau unter die Lupe. Er versucht sich quasi über den «Trainings- und Leistungszustand» des Unternehmens Klarheit zu verschaffen. Dazu führt er unter anderem eine Stärken-Schwächen-Analyse der Organisation durch.

Als ein auf Ganzheitlichkeit ausgerichteter Organisationsentwickler gehe ich noch weiter und beziehe sodann die Menschen ein. Ich spreche ausführlich mit den Mitarbeitern, ich beobachte deren Verhaltensweisen und versuche ihre Einstellungen möglichst genau kennenzulernen. Ich mache mir also ein ganzheitliches Bild. Um herausfinden, was im Unternehmen tatsächlich los ist und wo die neuralgischen Punkte sind, ist es wichtig, dass ich alle beteiligten Personen, Mitarbeiter wie Führungskräfte, involviere. Eine aussagekräftige Diagnose kann nämlich

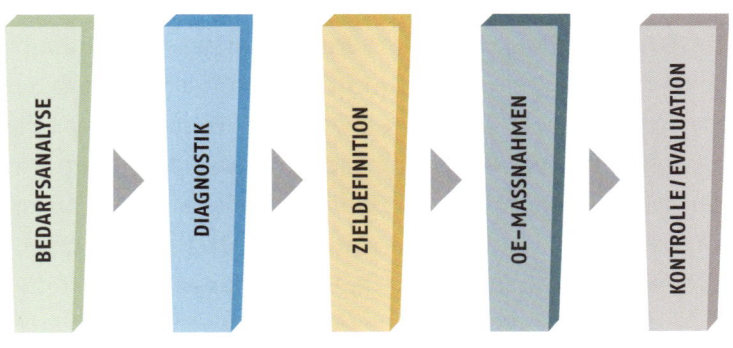

Abb. 16 | Wo stehen Sie? Ihre Dienstleistungskompetenz im Blick

nur dann gemacht werden, wenn alle in den diagnostischen Prozess einbezogen werden.

Die Dienstleistungsstärke von Organisationen analysieren

Um in der Analysephase zielgerichtet, sicher und effizient vorgehen zu können, habe ich – zusammen mit meinem Geschäftspartner – ein Diagnosesystem zur Erfassung der Dienstleistungsstärke von Organisationen entwickelt. Im Kern handelt es sich dabei um ein praxisnahes Tool, basierend auf empirischen Erkenntnissen, mit dem ich zielgenau eine Stärken-Schwächen-Analyse eines betrieblichen Dienstleistungsmanagements durchführen kann. Und zwar branchenunabhängig. Dabei werden verschiedene diagnostische Methoden (wie die Erfassung von Kennzahlen, webbasierte Befragungen, Interviews etc.) eingesetzt, um möglichst alle erfolgsrelevanten Faktoren zu erfassen. Testtheoretische Modelle bilden die Grundlage, um Rohdaten in Standardwerte zu überführen und damit sinnvolle Benchmarks von Kennwerten zu ermöglichen.

Dieses auf die Erfassung von Dienstleistungskompetenz ausgerichtete Analysetool hilft nicht nur bei der Erhebung der Ist-Situation, es bildet auch eine sichere Grundlage, um eine Strategie für den Veränderungsprozess zu entwickeln und den oder die Hebel für den Wandel an den richtigen Stellen im System anzusetzen. Nicht zuletzt macht es in den verschiedenen Phasen des Veränderungsprozesses durch Mehrfachmessungen eine Kontrolle der erreichten Ziele möglich.

Die Stärken des Diagnosesystems – ein Überblick

→ 1. Ein umfassendes, detailliertes Kennzahlensystem ermöglicht die Bewertung aller erfolgsrelevanten Strategien, Ressourcen, Strukturen, Prozesse und Kompetenzen hinsichtlich des Dienstleistungsmanagements.

→ 2. Die Befragungsinstrumente sind anwendungsfreundlich gestaltet. Profile, Abbildungen, Tabellen und Diagramme verdeutlichen die diagnostischen Ergebnisse.

→ 3. Befunderläuterungen und Diskussionen bilden solide Entscheidungs- und Planungsgrundlagen. Empfehlungen zeigen je nach Ergebnis den Handlungsbedarf in unterschiedlichen Bereichen an.

→ 4. Dienstleistungsmanagement wird als Prozess aufgefasst und dargestellt. Relevante Leistungen und motivationale Aspekte bilden die treibenden Faktoren hinsichtlich des Ertrags oder anderer organisationaler Ziele.

Die Kernbotschaft dieses Kapitels lautet: Nichts muss dem Zufall überlassen werden! Oder wie weiter vorne bei den «Big Ten» schon formuliert: Ich bin davon überzeugt, dass nur strategisches Vorgehen und Prozessmessbarkeit den angestrebten Erfolg vom Verdacht der Zufälligkeit freisprechen können.

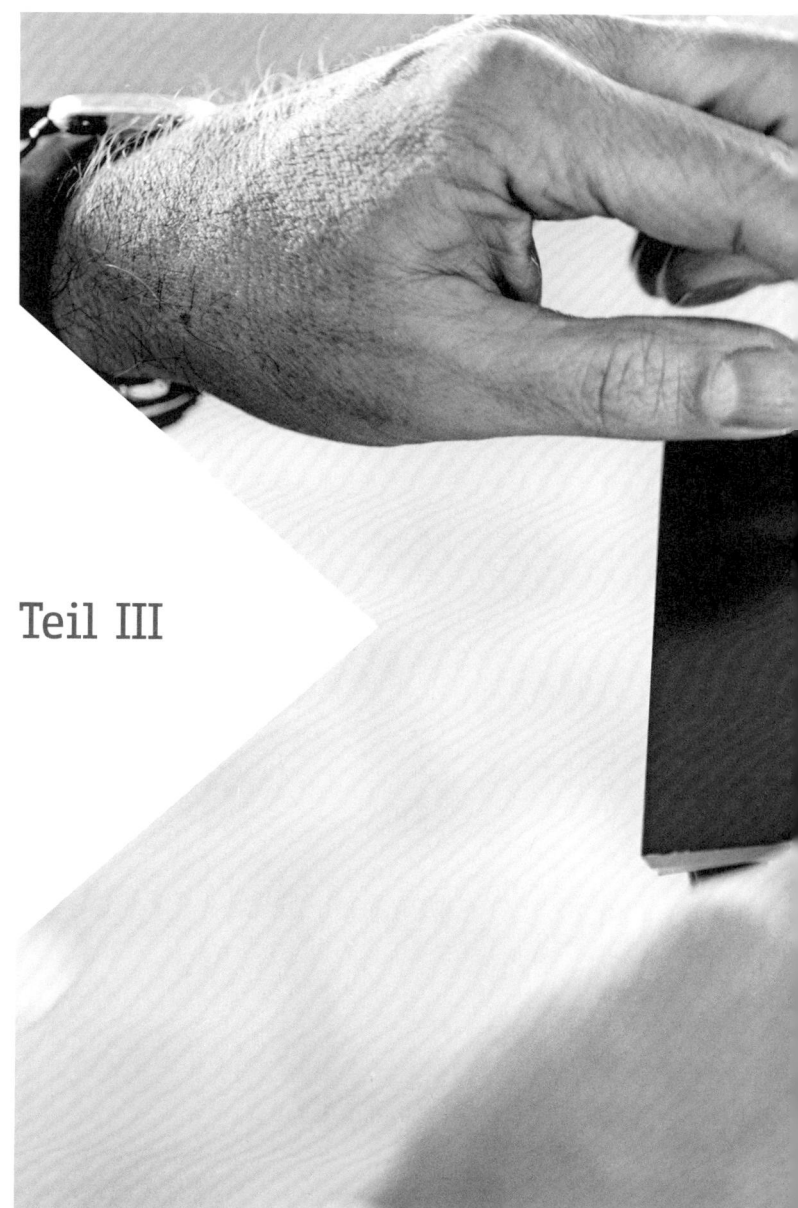

Teil III

ANSTOSSEN BEWEGEN ROCKEN

Bernhard Schweizer über
Organisationsentwicklung – praktisch

MONEY FOR VALUE: Dienstleistung im Dienste des Wachstums

Es gibt dieses Bild von der Servicewüste. Wie eine Wüste aussieht, davon haben die meisten Menschen eine Vorstellung. Was Service ist, ist in vielen Köpfen leider immer noch ziemlich unklar. Und wollte ich polarisieren, könnte ich behaupten: Es ist ihnen gänzlich unbekannt.

Die Metapher von der Servicewüste, die wohl erstmals im Spiegel[36] von einem Wirtschaftsprofessor namens Hermann Simon genannt wurde, bezeichnet laut Duden «das völlige Fehlen akzeptabler Dienstleistungen».

Was aber ist eine Dienstleistung? Zunächst einmal wird Dienstleistung gerne synonym für den Begriff Service gebraucht. Man könnte also auch von der Dienstleistungswüste sprechen und Verbraucher hätten ein sehr ähnliches Bild vor Augen. Fakt ist: Dienstleistung ist in den Augen der Konsumenten-Mehrheit häufig ein Service und demnach keine Ding-Leistung (kein Produkt zum Anfassen). Endverbraucher verstehen unter Dienstleistung oder Service meist alles, was ein Anbieter einer Leistung unentgeltlich leistet. Dazu zählen zum Beispiel die Kundenberatung vor einem Kauf oder die kostenlose Lieferung eines gekauften Produktes. Wer ein Auto erwirbt, darf erwarten, dass die Anmeldung bei der KFZ-Meldestelle als Serviceleistung des Autohändlers kostenlos erfolgt. Wer ein grösseres Möbelstück erstanden hat, darf erwarten, dass es ihm innerhalb eines definierten Umkreises kostenlos nach Hause geliefert wird. Ist Dienstleistung also per se eine freiwillige Leistung und demnach immer kostenlos?

Leistung zu Marktpreisen = Dienst-
leistung

Volkswirtschaftlich gesehen werden Dienstleistungen nur dann als Dienstleistungen erfasst, wenn sie sich über Marktpreise bewerten lassen. Gemäss der Drei-Sektoren-Hypothese, die der Definition von Wirtschaftsstrukturen dient, zählen Dienstleistungen zum Tertiärsektor, während die Rohstoffproduktion dem Primärsektor und das verarbeitende Gewerbe dem Sekundärsektor zugeteilt wird. So gesehen können Dienstleistungen eben doch Geld kosten. Wer zu einem Schuster geht, zahlt für die Dienstleistung der Schuhreparatur. Wer einen Maler beauftragt, der die Wohnung renovieren soll, weiss, dass dessen Dienstleistung bezahlt werden muss.

Irgendwie ist es doch ganz schön kompliziert mit der Dienstleistung: Da denkt man, es ist nicht bezahlte Leistung, dann ist es doch wieder bezahlte. Dann ist es eine Zusatzleistung, dann eine Kernleistung. Dann ein konkretes «Produkt», dann ein imaginäres; nicht übertragbar, nicht lagerfähig, nicht transportierbar. Und wo fängt Dienstleistung eigentlich an? Bei einem Lächeln oder bei einem Auftrag? Und hat Dienstleistung ein Ende? Oder hört Dienstleistung nie auf? – Wir sehen, wie vielseitig der Begriff betrachtet werden kann. Da sind Missverständnisse und Enttäuschungen in der Beziehung zwischen Dienstleister und Kunde vorprogrammiert. Die Bedeutung des Begriffs Dienstleistung ist einfach viel zu vielsagend, um eindeutig verstanden werden zu können.

Ich mache es mir einfach und sage: Dienstleistung ist der wirkungsmächtigste Hebel für Differenzierung, Profilierung und Wachstum einer Organisation. Ich wiederhole, damit es nicht im reading flow untergeht: Dienstleistung ist der wirkungsmächtigste Hebel für Differenzierung, Profilierung und Wachstum einer Organisation.

Dienstleistungskompetenz ist der treibende Faktor, der neue Werte schafft. Dienstleistungsorientierung hat einen hochgradigen wirtschaftlichen Nutzen: Dienstleistung ist ein Wert, mit dem sich Geld verdienen lässt – Money for Value.

Im Februar 2015 veröffentlichte das Schweizer Bundesamt für Statistik dazu folgende Zahlen: «(...) wurden in der Schweiz rund 560 000 marktwirtschaftliche Unternehmen gezählt. Mehr als 410 000 Unternehmen sind im Dienstleistungssektor tätig.» Das heisst: Drei von vier Schweizer Unternehmen sind Dienstleistungsunternehmen. Und in Deutschland? Drei von vier Erwerbstätigen in Deutschland arbeiten im Dienstleistungsbereich. Rund 70 Prozent der gesamtwirtschaftlichen Wertschöpfung wurden 2014 in den Dienstleistungsbereichen generiert.

Meine Botschaft lautet: Dienstleistungsorientiertes Handeln führt zu gewinnorientiertem Wirken. Warum nur stürzen sich nicht alle Organisationen, ob Profit oder Non-Profit, auf dieses hohe Wachstumsgut – warum vollziehen sie nicht den Wandel zu gewinnorientiertem Wirken? Was spricht gegen eine evolutionäre Veränderung hin zu mehr Dienstleistungskompetenz? Oft genug sind es die Ding- und/oder Dienstleister selbst, die dagegen sprechen: Dienstleistungen bringen nur Kosten und Mehraufwand. – Dienstleistungen sind teuer. – Unsere Mitarbeiter sind schon teuer genug. – Die Kunden werden doch schon dermassen verwöhnt, was denken die sich eigentlich? – Veränderungen sind viel zu schwierig; sie unseren

Mitarbeitern beizubringen, sowieso. – Dienstleistungen sind gefühlt zwar irgendwie wichtig, aber praktisch ist Dienen ziemlich doof. – Der Kunde ist zwar auch irgendwie wichtig, aber viele sind auch ziemlich doof. – Wie soll man Menschen dazu bringen, zu dienen und dann auch noch leidenschaftlich? Das ist doch ein Widerspruch. – Dienstleistungskompetenz? Haben wir schon. Da kennen wir uns bestens aus. – Mit der Dienstleistung ist es wie mit dem Essen und Trinken, völlig normal, läuft bei uns nebenher. – Service? Machen wir nicht. Macht doch jeder. – Dienstleistung haben wir nicht nötig. – Dienstleistungsorientierung? Hatten wir immer schon. Brauchen wir nicht. – Veränderung? Haben wir noch nie gebraucht.

Ich frage Sie: Was würden Sie vorziehen? Veränderung, die Sie selbst anstossen, steuern und kontrollieren können? Die Sie weiterbringt? Die die Zukunft Ihres Unternehmens sichert und Ihre Zukunft im Unternehmen? Oder bevorzugen Sie Veränderung, die sich schleichend anbahnt? Die von aussen kommt und die Sie erst gar nicht bemerken? Wollen Sie, dass es gut für Sie ausgeht? Oder lieben Sie unliebsame Überraschungen?

Nein! Wer weiter denkt, geht die Herausforderungen der Wirtschaft und Gesellschaft offensiv und ganzheitlich an. Wer weiter denkt, sucht stetig nach Möglichkeiten der dienstleistungsorientierten Weiterentwicklung von Mensch, Team und Organisation. Das zentrale Thema der Zukunft heisst Wendung, Wandel durch Veränderung und Innovation hin in Richtung Business Excellence – in allen Branchen mit allen Produkten, allen Dienstleistungen.

Das alles mit einem Ziel: offensive Dienstleistungskompetenz.

Lassen Sie uns dem Kunden zu jeder Zeit maximale Dienstleistungskompetenz entgegenbringen, sodass es als Erstes für ihn ein Gewinn ist, mit uns Geschäfte zu machen – und lassen Sie uns darüber einig sein, dass dies nicht ausschliesslich über den Preis Rechtfertigung finden darf. Stellen wir uns in den Dienst des Wachstums, denn damit dienen wir uns letztendlich selbst.

Haben Sie da gerade «in den Dienst des Wachstums» gelesen? Ich höre schon die Wachstumskritiker unter Ihnen: Wachstum hat Grenzen! Wachstum zerstört unsere Umwelt! Müssen wir denn immer noch mehr und mehr und noch mehr haben?

Nur so viel dazu: Mengenwachstum als blosse Zunahme der wirtschaftlichen Leistungsfähigkeit meine ich nicht. Ich sehe Wachstum differenzierter. Unsere Wirtschaft kann durch eine Zunahme an Dienstleistungsfähigkeit wachsen. Weniger gross, dafür mehr qualitative Grösse. Anders gesagt: an den Herausforderungen der Gegenwart und der Zukunft wachsen, mit deutlich mehr Dienstleistungskompetenz – so macht man das.

Werte Wandel
Anspruch an DLS ↑
Anspruch bedienen
= Wirtschaft wächst
Qualitativ!

PAAAAAARTITUR: Anspruch, Aufgabe, Absicht, Anfang, Anwendung, Auswirkung

Wozu dient eine Partitur? Und wozu noch eine mit sechs A? Eine Partitur im eigentlichen Sinne ist eine übersichtliche Aufzeichnung der Musik auf Papier; eine Takt für Takt in Notenschrift auf einzelnen übereinanderliegenden Liniensystemen angeordnete Zusammenstellung aller zu einer vielstimmigen Komposition gehörenden Stimmen. Einfach gesprochen: Es geht um Koordination, um die Darstellung von Zusammenklängen und damit von Zusammenhängen. Ein Musiker wird das noch viel besser erklären können. Und keine Sorge: Sie müssen nichts von Musik verstehen, um das Modell, das ich Ihnen im Folgenden präsentiere, nachvollziehen zu können. Sehen Sie es so: Ich komme immer wieder gerne auf die Musik zurück, weil sie mir die Möglichkeit eröffnet, Dinge, die der grauen Theorie entstammen, auf eine andere Ebene zu heben. Und ich hoffe, damit etwas in Ihnen zum Klingen zu bringen – so wie es eigentlich nur Musik kann.

Von der Partitur zur PAAAAAArtitur

Was eine Partitur ist, kann man sich nun vorstellen. Aber was macht man damit? Ganz einfach: Der Dirigent kann das musikalische Geschehen auf einen Blick überschauen. Und damit wären wir bei meinem PAAAAAArtitur-Modell. Meine 6-A-Partitur ist eine übersichtliche Aufzeichnung des Prozesses auf Papier, eine Punkt für Punkt in Klarschrift verfasste und in einem Koordinatensystem angeordnete Zusammenstellung aller zu einem «vielstimmigen» System gehörenden Elemente. Sie und ich können mit dem

Bedürfnis-Struktur *Handlungs-Grund* *Ziel*

ANSPRUCH	AUFGABE	ABSICHT
UMFASSEND	ANSTOSSEN	IN FÜHRUNG GEHEN
WIRKSAM	BEWEGEN	BEMERKENSWER' BLEIBEN
ENTWICKELN	ROCKEN	MEISTERSCHAFT ERLANGEN

Abb. 17 | PAAAAAArtitur–Modell nach Bernhard Schweizer: horizontal denken, vertikal handeln, ganzheitlich vernetzen

ANFANG	ANWENDUNG	AUSWIRKUNG
INNEN AUSSEN GANZ	VERANTWORTUNG ENTSCHEIDUNG LEISTUNG	
KLARHEIT STÄRKE AKTION	PLANUNG PROZESS INNOVATION	Gemäss Quadranten-Modell von Ken Wilber, siehe Grafik Seite 124
SINN FOKUS WIRKUNG	DIENEN NUTZEN GEWINN	

PAAAAAArtitur-Modell das ganze Geschehen innerhalb der Organisation auf einen Blick überschauen.

Bleiben wir bei der Musik – Rocken im ganzheitlichen Sinne bedeutet: Anspruch, Aufgabe, Absicht, Anfang, Anwendung und Auswirkung bilden ein horizontales Prozessmuster, bei dem A auf A folgt und jedes einzelne A auf jeder der drei vertikalen Handlungsebenen individuell bedacht werden muss (ANSPRUCH > Welches Bedürfnis dient wem?, AUFGABE > Weshalb tun wir das?, ABSICHT > Was soll wann Ziel sein?, ANFANG > Wann soll wer wo beginnen?, ANWENDUNG > Wie umsetzen, wie kontrollieren?, AUSWIRKUNG > Wo wirken, wo nutzen?).

Schlussendlich entsteht so ein übersichtliches, schlüssiges und ganzheitliches Handlungsmuster, das dem Veränderungsprozess eine logische Struktur gibt. Eine Struktur und einen Sinn: Denn erst die Ganzheitlichkeit bringt den Nutzen. Auf die Menschen in der Organisation bezogen heisst das: Die Fähigkeiten, das Denken und das Verhalten aller Beteiligten müssen berücksichtigt werden und sind in Einklang zu bringen. Mit Einklang ist jedoch nicht stupider Gleichklang gemeint. Denn jeder Einzelne steht für eine besondere Fähigkeit, ein besonderes Denken und hat einen eigenen Charakter, den es gewinnbringend zu integrieren gilt. Der Einzelne arbeitet für das Ganze und das Ganze arbeitet für den Einzelnen. Gemeinsam umfassend entwickeln lautet das Credo. Aus der Summe der einzelnen Elemente wird so der individuelle Sound, mit dem wir/Sie Ihre Organisation zum Rocken bringen – und der Sie zum Business-Rocker macht.

Ressourcen erweitern durch Effekt der Individualitäten und Integration dieser.

DU HAST ES IN DER HAND:
eine Metapher über den Sinn von Pfeil und Bogen und die Daseinsberechtigung eines Ziels

Ja, auch ich habe Eugen Herrigels Werk «Zen in der Kunst des Bogenschiessens»[37] gelesen. Ob ich seine philosophische Tragweite je begriffen habe, bezweifle ich jedoch zutiefst.

Gelesen habe ich es auch erst Jahre, nachdem mich der Bogen gefunden hatte. Achtung: Der Bogen hat mich gefunden! Ja, das kann ich sicher sagen, da ich, wie wohl viele andere vor und nach mir auch, nie aktiv nach diesem Ding gesucht habe. Es war auf einmal da – und ich bin meinem guten Freund Erich zu tiefstem Dank verpflichtet, dass er mich subtil damit in Bekanntschaft brachte.

Nun verbindet mich schon lange eine tiefe Freundschaft mit meinen Bögen – seit Jahren sind sie mir treue Begleiter und echte Freunde; echte Freunde, welche mich immer wieder auf eines der zentralen Themen des Menschseins aufmerksam machen: Du bist für dich verantwortlich, du bist deines Glückes Schmied, du hast dein Leben in der Hand.

Du.

Wie oft habe ich den Bogen, nachdem ich mal wieder nicht getroffen hatte, verschrien; wie oft missachtend in der Ecke meines Büros stehen gelassen. Nichts wollte ich mehr wissen von dem blöden Ding – mit seiner Sturheit, seinem Eigensinn, seiner Bockigkeit. Es konnte mich kreuzweise. Einen Bogen würde ich um den Bogen machen.

Es wäre doch so einfach, einfach dem Macher des Bogens die Schuld für das Nichttreffen zuzuschieben; oder noch besser dem Pfeil, genau. Falsches Holz, falsche Länge. Und, ach ja, die Federn, die sind auch mitschuldig, dass der blöde Pfeil nicht trifft.

Viel, viel besser noch: Es ist das falsche Ziel, an dem ich mich versuche. Zu weit weg, zu nah, zu gross, zu klein. Und ausserdem: Etwas versperrt den Weg zum Ziel, ein Ast, ein anderer Schütze. Die Liste wäre beliebig erweiterbar.

Doch es hilft ja nichts, der Bogen ist der Bogen. Und der Bogen bleibt ein Bogen – bleibt störrisch wie ein alter Esel. Immer wieder zeigt er mir nur eines: Du, nur du entscheidest, ob du triffst oder nicht, nur du. Zieh ganz durch, lass los und lass mich gefälligst das tun, wozu ich bestimmt bin.

Aber der Reihe nach. Was braucht es zum Bogenschiessen? Einen Bogen und eine Sehne, die den Bogen zum Bogen spannt. Einen Pfeil. Ein geeignetes Ziel. Hier gilt es zu erwähnen, dass ich mich dem traditionellen Bogenschiessen verpflichtet fühle. Ohne Korn und Kimme, ohne Zielvorrichtung, ohne System. Es ist die uralte, instinktiv-puristische Art des Bogenschiessens. Eine reine Koordination von Auge, Hirn und Hand. Sonst nichts. Ein Stück Holz, eine Sehne, ein Pfeil, ein Ziel. Nicht mehr. So wie einst die Indianer in den Steppen Nordamerikas jagten.

Erwähnt sein muss auch, dass ich Jäger bin. Ich jage jedoch nicht mit dem Bogen. Aus einfachem Grund. Selbst nach vielen Jahren des Trainings fühle ich mich noch immer nicht ausreichend befähigt, waidmännisch mit Pfeil und Bogen jagen zu können. Das heisst, ich lasse das Beschiessen von Lebewesen mit Pfeil und Bogen und «bejage» ausschliesslich Attrappen aus Kunststoff mit Zielscheiben. Ob es für mich ein persönliches Ziel ist, irgendwann einmal mit dem Bogen zur Jagd zu fahren? Ja, sicher. Jedoch erst, wenn ich der Meister des Bogens bin – in jeder Situation – keine Minute vorher.

Wir halten fest: ein Bogen – ein Stück Holz, von Meisterhand gefertigt. Perfekt. In meinem Falle ist es oft ein Bogen von Bruno Ballweg[38], einem Tischlermeister aus Wertheim-Lindelbach, Deutschland. Bruno ist, was seine Arbeit anbelangt, ein absoluter Perfektionist. Was seine Werkstatt verlässt, gehört zum Feinsten, was rund um den Bogenbau auf dieser Erde zu haben ist. Sein über Jahrzehnte aufgebautes Wissen steckt in jedem Zentimeter respektive in jedem Inch seiner Bögen. Was Bruno herstellt, ist massgeschneidert, angepasst an die Grösse, die Armlänge und das Zuggewicht des Schützen. Alles ist genau berechnet. Nichts wird dem Zufall überlassen.

Doch auch der beste Bogen ist am Schluss doch immer nur ein Stück Holz, wohlgeformtes Material. Nicht mehr, nicht weniger. Holz. Und wozu ist dieses Stück Holz zu gebrauchen, wenn die Sehne nicht die beiden Enden verbindet und zu einem Bogen zusammenspannt? Zu nichts.

Die Pfeile: Auch meine Pfeile fertigt Bruno. Warum mache ich das nicht selbst? Weil ich es nicht kann. Und weil ich der Überzeugung bin, dass dies den Grundfesten eines wirtschaftlichen Miteinanders entspricht. Wir kaufen Dinge bei anderen Menschen, weil wir es nicht selbst können oder nicht können wollen, uns die Zeit fehlt, wir zu faul sind oder nicht talentiert genug, es zu erlernen. Bei mir spielt Letzteres entscheidend mit ...

An dieser Stelle dürfen wir uns fragen, was geschehen würde, wenn wir alles selber fertigen könnten? Bräuchte es dann noch Menschen wie Bruno? Und was, wenn alle Unternehmer ihre Herausforderungen selbst lösen könnten? Bräuchte es dann Organisationsentwickler wie mich? Was wäre dann meine Daseinsberechtigung?

Aber lassen wir das und lassen wir Bogen und Pfeil für eine Weile einfach nur da sein. Widmen wir uns nun dem «Ziel» und dessen einziger Daseinsberechtigung: Ziel sein und getroffen werden.

Der Schütze betrachtet beim Bogenschiessen das Ganze Ziel, er sieht es in seiner vollumfänglichen Grösse, wie es vor ihm steht, er betrachtet alles, was das Ziel umringt.

Stellen wir uns, sinnbildlich, einen rosaroten Elefanten vor, wie er da vor uns steht und fröhlich vor sich hin posaunt. Bitte beachten Sie, dass Sie wahlweise auch ein anderes Bild vor Ihrem inneren Auge aufblitzen lassen können: einen Hirsch, ein Wildschwein oder ganz einfach eine Zielscheibe, die irgendwo in der Landschaft platziert wurde. Betrachten wir das ganze Ziel, so sehen wir das Gras, die Steppe, den Wald, die Umgebung und lassen uns, ob gewollt oder nicht, davon ablenken. Beim Bogensport aber gilt es, zu fokussieren. Wir müssen uns auf einen bestimmten Punkt konzentrieren, ihn anvisieren, ja, mit unserem Blick ein kleines, unsichtbares Loch in das Ziel brennen. Wenn wir das tun und dabei das Ganze nicht vergessen, gelingt uns Magisches. Der ganze Prozess des Schiessens richtet sich aus, er aligniert, wie man sagt, wird einen Linie. Das Auge fokussiert, das Hirn koordiniert und der ganze Körper folgt mit seinen Muskeln und Sehnen dem Ziel und dessen Daseinsberechtigung.

Nun zum Bogenschützen. Zum Bogenschiessen braucht der Schütze Kraft, Konzentration, Koordination und einen gewissen Siegeswillen – oder – der Vergleich sei hier erlaubt – Jagdinstinkt. Diese vier Eigenschaften bilden die Basis seines Könnens. Ist der Bogenschütze damit nicht ausgestattet oder kann er im Moment seine volle Kapazität nicht abrufen – sei es, weil er abgelenkt, unfokussiert oder untrainiert ist –, misslingt der ganze Prozess. Gelingt es ihm jedoch durch Übung, an diesem Prozess zu «pfeilen», so wird er mit jedem Schuss besser und besser. Durch Übung lernt er die Einzelheiten des Bogenschiessens kennen und kann diese immer öfter wie im Schlaf abrufen und umsetzen. Der Bogenschütze entwickelt eine sogenannte unbewusste Kompetenz, die man die Theorie der Kompetenzstufenentwicklung nennt.

«In der Psychologie überschneiden sich die Stufen der Kompetenzentwicklung, die durch psychologische Massstäbe beeinflusst werden, durch einen stetigen Wandel zwischen Inkompetenz und Kompetenz. Die Stufen werden in folgender Reihenfolge durchlaufen:

KOMPETENZ

Ich weiß nicht, was ich nicht

Unbewusste Inkompetenz: Das Individuum versteht nicht, worum es geht, oder weiss nicht, wie es bewirkt werden soll; ebenso erkennt es seine eigenen Defizite nicht oder hat ein Problem, sie zu erkennen. Für die Tendenz, die eigenen Defizite nicht zu erkennen, hat sich populärwissenschaftlich der Begriff Dunning-Kruger-Effekt eingebürgert.

Bewusste Inkompetenz: Die Person versteht oder weiss nicht, wie sie etwas erreichen kann, kennt jedoch ihre Defizite, kümmert sich aber nicht darum.

Bewusste Kompetenz: Die Person versteht oder weiss, wie sie die Dinge anpacken muss, um ein Ziel zu erreichen. Trotzdem erfordert das Zeigen des Könnens und Wissens eine hohe Konzentration und Bewusstheit. *Mentor*

Unbewusste Kompetenz: Das Individuum hat so viel praktische Erfahrung mit seinen Fähigkeiten, dass sie ihm in Fleisch und Blut übergehen und jederzeit abgerufen werden können, oftmals ohne höhere Konzentration in Anspruch nehmen zu müssen. Diese Person kann ihre Fähigkeiten, da sie sich ihrer nicht bewusst ist, nicht problemlos weitervermitteln, wenn seit dem Erlernen ein längerer Zeitraum vergangen ist.»[39]

Alles klar? Dann: üben, üben, üben. Der Rest wird schon passen, könnte man denken – aber weit gefehlt; oder verfehlt, um im Bild des Bogenschiessens zu bleiben.

Szenario: Stellen wir uns jetzt einen Schützen vor, einen Bogenschützen. Er hat alles, was er braucht, um ein guter Bogenschütze zu sein. Er hat es in der Hand:

→ einen der besten Bögen der Welt. Die geballte Ladung Kompetenz des Bogenbauers, komplett abgestimmt auf den Schützen und sein Können.

→ Die Pfeile sind perfekt: sie haben die ideale Länge, das optimale Gewicht und die richtige Feder.

→ Die Sehne ist stark genug, um zu halten, ihre acht Stränge sind meisterlich gewoben und können in Sekundenbruchteilen Schnelligkeit aufbauen.

Der Schütze ist bereit, den Bogen zu spannen, seine Kraft ist ausreichend, seine Konzentration perfekt und sein Fokus brennt ein Loch in das Ziel, das er ausgewählt hat. Er spannt den Bogen gekonnt, langsam, zielstrebig. Er atmet ruhig aus und lässt sich durch nichts beirren. (Sie müssen sich jetzt vorstellen, dass der Schütze versucht, je nach Zuggewicht, die Last von vier Kästen Bier, auf drei Finger zu verteilen und diese gegen seinen Mundwinkel zu ziehen.)

Er hat die Kraft. Alles stimmt für ihn, alles: der Bogen, der Pfeil, die Sehne, das Ziel. Doch es fliegt kein Pfeil! Warum nur? Der Schütze ist für Sekunden ratlos. Er hat in seinem ganzen Eifer das Wichtigste vergessen: das Loslassen.

Doch das Loslassen ist Teil des Prozesses. Loslassen heisst vertrauen. Vertrauen, dass alles zur Perfektion geformte seiner Zielbestimmung folgt.

Dem Schützen, der nicht loslassen kann, nutzt das über Monate, vielleicht über Jahre, Antrainierte gar nichts. Oder nehmen wir Bruno: Was würde Bruno seine ganze Perfektion nutzen, wenn er den Bogen nicht abgeben, verkaufen würde? Nichts.

Der Schütze, der nicht loslässt, ermüdet, fügt sich selbst Muskelschmerzen oder gar Verletzungen zu. Er hat den richtigen Moment verstreichen lassen. Der Moment ist verpasst, das Ziel weg und die ganze Anstrengung, die ganze Arbeit für die Katz.

Passiert uns Schützen das öfter, so kann die unter Bogenschützen gefürchtete «Target Panic» auftreten. Wir vermasseln aus Angst zu versagen, aus Angst, das Ziel nicht zu treffen, den Schuss. Wir malen uns aus, wie es aussieht, wenn der Pfeil wieder nicht das Ziel trifft; wenn er durch einen Ablassfehler (zu frühes oder zu spätes Loslassen), erneut nicht seiner Bestimmung folgt, das Ziel zu treffen.

Diese Angst lähmt unseren ganzen Körper, den Geist, die Seele. Alles, was wir erlernt haben, scheint in der Theorie wunderbar zu funktionieren. Kommt es jedoch in der Praxis darauf an, geht nichts mehr. Wir können nicht mal mehr den Bogen spannen.

Und was tun wir Schützen dann? Wir versuchen zu improvisieren – leider. Wir ziehen nicht mehr ganz durch, wir versuchen den Bogen zu überlisten und oft gelingt es uns erstaunlich gut. Wir eignen uns dadurch jedoch Dinge an, die nicht passen, die so in ihrer Ganzheit nicht stimmen. Gerade bei weiten Zielen wird uns das eindrücklich vorgeführt. Der Pfeil fliegt zwar in die gedachte Richtung, verliert jedoch durch seine geringe Geschwindigkeit schnell

an Höhe, vor allem an Durchschlagskraft. Jetzt halten wir den Bogen bewusst höher und versuchen bewusst einzugreifen; was geschieht? Wir überschiessen.

Das Gegenteil von dem, was wir erzielen wollen, tritt damit ein. Wir entziehen uns dem Wichtigsten schlechthin: der Eigenverantwortung. Wieder beginnen wir den äusseren Umständen, dem Bogen, der Sehne, dem Ziel die Schuld zuzuweisen. Damit denken wir nicht mehr einzig an das Ziel und halten nicht mehr konsequent an der Absicht fest, dieses zu treffen. Lieber halten wir uns an einem Gedanken fest: Ein neuer Bogen muss her. Der aktuelle Bogen trifft ja nicht. Eine verlockende Lösung. Aber mit Folgen für den Bogenschützen: Der alte Bogen versagt darauf seine Klasse. Der Bogenschütze fühlt sich bestätigt, hat er doch nichts anderes erwartet (die «selbsterfüllende Prophezeihung»). Das Ziel trifft er nun immer seltener. Befände er sich auf einem Bogenturnier, überholten ihn punktemässig die andern Schützen. Er selbst rutscht, wenn es denn nicht noch schlechter kommt, ins Mittelfeld ab. Seine Motivation jedoch sinkt ins Bodenlose. Sein Jagdinstinkt ist futsch, seine Konzentration dahin und an einen Anschluss an die Spitze ist gar nicht mehr zu denken.

Halten wir fest: Wir haben das beste Material, die besten Voraussetzungen und scheitern trotzdem. Warum? Weil wir nicht in Eigenverantwortung handeln. Wir scheitern an uns selbst, an unserem Verhalten, das wir zudem auch noch selbst in Richtung «Versagen» geschoben haben. Wir haben uns negativ konditioniert. Die Folgen:

→ Wir ziehen nicht ganz durch und nutzen somit unsere uns zur Verfügung gestellten Ressourcen nicht.

→ Wir sind uns nicht vollumfänglich des Sinns vom Ziel, vom Material, ja, von uns selbst in der Rolle des Schützen bewusst.

→ Wir missachten die Identität des Zieles und seiner Umgebung, die des Bogens, die des Pfeils und zu guter Letzt unsere eigene Identität.

→ Wir haben den Glauben an den Bogen verloren, obwohl er der beste ist, den wir im Moment in den Händen halten können.

→ Wir haben den Glauben an den Pfeil verloren und an seine Excellence.

→ Wir haben den Glauben an unsere Sinne verloren, welche geschärfter und klarer nicht sein können. Und wir haben den Glauben an das Ziel verloren, das im Moment das einzig richtige für uns ist.

→ Wir haben unsere eigene, uralte, instinktive Fähigkeit der Hirn-Auge-Hand-Koordination verloren, die unbewusste Kompetenz, die in uns steckt, und können sie somit nicht für uns nutzen.

→ Wir versuchen unser Verhalten ohne konkreten Plan zu steuern, versuchen die Schuld wegzuschieben und einen neuen Bogen zu kaufen, die Pfeile zu wechseln und uns ein neues Ziel vorzunehmen.

→ Frustriert erleben wir den Misserfolg und die krasse Abweichung vom vormals angepeilten Ziel.

Werden wir mit dieser Haltung jemals ein Ziel erreichen? Werden wir auf diese Weise etwas ändern können? Ich

Organisationsentwicklung

glaube, nein, ich weiss, so geht es nicht. Garantiert nicht. Lassen Sie mich nun den Bogen zur Organisationsentwicklung schlagen. Manch einer unter Ihnen wird längst erkannt haben, was Pfeil, Bogen und Bogenschiessen mit ganzheitlicher Organisationsentwicklung zu tun haben. Für mich jedenfalls sehr, sehr viel. Was genau, das möchte ich Ihnen hier an einigen Fragen veranschaulichen.

→ Wissen Sie genau, wem Sie dienen? Wem Ihre Mitarbeiter dienen? Wem Ihre Kunden?

→ Sind Sie sich Ihrer persönlichen Berechtigung innerhalb des Systems bewusst? Sind Sie sich dessen bewusst, was Sie tun?

→ Kennen Sie Ihre individuellen, kollektiven sowie unternehmerischen Ziele? Die inneren und die äusseren?

→ Kennen Sie den Nutzen, der durch das Treffen des Ziels allen Beteiligten zugutekommt?

→ Wollen alle Beteiligten überhaupt treffen?

→ Wissen Sie, wer Sie sind? Wer Ihre Mitarbeiter sind, wer Ihre Kunden? Wissen Sie, in welchem System sie stehen und in welcher Abhängigkeit zueinander?

→ Kennen Sie alle Faktoren, die diese Abhängigkeiten beeinflussen und die sogar Sie persönlich beeinflussen können?

→ Haben Sie eine klare Strategie, alles und alle Beteiligten zum Wohle des Ganzen zu vereinen? Um damit alle Ihre persönlichen Ziele und Ihre eigene Identität zu stärken – im Äusseren wie im Inneren manifest werden zu lassen?

→ Kennen Sie alle dem Ziel dienlichen Kompetenzen aller

Beteiligten? Kennen alle Beteiligten ihre Stärken und Schwächen (intellektuell, emotional und fachlich)?

→ Können Sie all dies zu einer markanten Achse des Erfolgs verbinden, ähnlich dem Schützen, der hinter seinem Bogen steht, diesen fest umschliesst und sein Ziel scharf fokussierend vor sich sieht? Immer den Kern, das Klare?

→ Kennen Sie Ihre spezifisch messbaren Ziele und machen Sie, wenn möglich, aus vermeintlich unmessbaren (intangiblen) Zielen messbare (tangible)?

→ Wissen Sie nun genau, welches individuelle Verhalten, jetzt von wem, wann, wo, wie und weshalb in Anwendung gebracht werden sollte?

→ Ziehen Sie und Ihre Mitarbeiter jederzeit voll durch? Egal, ob Sie oder Ihre Mitarbeiter beim ersten Mal treffen oder nicht? Und wenn nicht, machen Sie oder Ihre Mitarbeiter das Ganze in identischer Kraft und Überzeugung nochmals und nochmals und nochmals?

→ Es liegt in Ihrer Hand. Wollen Sie in Führung gehen, bemerkenswert bleiben und zum Macher Ihrer Zunft werden? Ganzheitlich oder gar nicht?

«Wer das Ziel kennt, kann entscheiden; wer entscheidet, findet Ruhe; wer Ruhe findet, ist sicher; wer sicher ist, kann überlegen; wer überlegt, kann verbessern.»
Konfuzius

MEINE EINLADUNG AN SIE:

Gastfreundschaft Bernhard Schweizer GmbH
c/o Bernhard Schweizer
Organisationsentwicklung / Executive Coaching
Chalet Ida – Maurersweide 4
CH–3703 Aeschi bei Spiez

Fon:	+41 79 277 74 49
Mail:	info@gastfreundschaft.ch
Web:	www.gastfreundschaft.ch
Skype:	bernhard_schweizer
Facebook:	https://www.facebook.com/pages/ gastfreundschaftch/141599349213858
Xing:	https://www.xing.com/profile/ Bernhard_schweizermba
Linkedin:	http://ch.linkedin.com/pub/ bernhard–schweizer/95/41/a42
Pinterest:	https://www.pinterest.com/ bernhardschweiz/

REFERENZEN

Sehr gerne hätte ich hier Praxisbeispiele angebracht. Aus Gründen der Diskretion, aber auch um rechtliche Unbedenklichkeit zu gewährleisten, habe ich darauf verzichtet. Gerne stehe ich Ihnen jedoch persönlich zur Verfügung, um Ihnen Beispiele aus meiner praktischen Arbeit aufzuzeigen; wenn auch codiert, da Diskretion Grundlage meiner Tätigkeit ist. Sie werden erleben, wie Theoretisches von der Idee bis in die Praxis umgesetzt wird. Ergänzend dazu finden Sie auf meiner Website eine Auswahl autorisierter Statements meiner Kunden.

EPILOG DES CO-AUTORS –
ODER EIN ANFANG AM ENDE

Begegnen sich zwei Eigensinnige. Sagt der Erste: «Gut, dass wir uns treffen.» Meint der Zweite: «Meinst du, das ergibt einen Sinn?» Sagen beide: «Warum eigentlich nicht?» Kein Witz. Genau so ist es zwischen Bernhard Schweizer und mir, seinem Co-Autor, passiert. Anfangs hatte jeder ein eigenes, geschäftliches Interesse. Bernhard wollte ein Buch von mir. Ich wollte einen Auftrag von ihm. Jeder von uns verfolgte sein jeweiliges Interesse weiter. Mit Erfolg. Ich erhielt den Auftrag, er sollte sein Buch bekommen.

Ich erspare Ihnen hier, die ganze Entwicklungsgeschichte. Wenn Sie das Buch gelesen haben, erschliesst sie sich Ihnen sowieso ganz von selbst. Also: cut! Ein gutes halbes Jahr später ...

Zwei Eigensinnige hatten sich also getroffen, verstanden einander und an irgendeinem Punkt der Zusammenarbeit stellten beide fest, dass sie einen Schatz gefunden hatten, ohne danach gesucht zu haben. Schatzfinder aus Zufall waren sie.

Beide hatten das unspezifische Gefühl, dass es ein guter Auftakt zu etwas sehr Gutem war, das über die Zusammenarbeit am Buch hinaus Bestand haben würde. Und wahrscheinlich war das der Augenblick gewesen, in dem die gemeinsame, aber vollkommen ungeplante Schatzsuche ihren Anfang nahm ...

Wenn ich hier den Begriff «Eigensinn» in den Mund nehme, meine ich nicht die Sturheit, Dickköpfigkeit oder

Engstirnigkeit und auch nicht die zig anderen Synonyme, die den negativen Inhalt des Eigensinns umschreiben.

Menschen mit Eigensinn, wie ich sie verstehe, wissen, was für sie wichtig ist. Sie wissen, was sie können, und vor allem, was nicht. Sie wissen, was sie mit Sinn und Freude erfüllt. Sie leben, was in ihnen steckt und was sie von Berufs wegen sein wollen.

In Kurzform: Bernhard Schweizer ist Facilitator – Ermöglicher. Ich bin Autor. In unseren Berufen sehen wir gleichsam unsere Berufung. – Ist das schon alles an Gemeinsamkeit? Augenscheinlich, ja. Offensichtlich gehen wir ganz unterschiedlichen Tätigkeiten nach. Was hat ein Ermöglicher schon mit einem Schreiber zu tun und umgekehrt?

Auch, wenn man es nicht erwartet: ganz Wesentliches. Wir waren selbst davon überrascht. Die gemeinsame Schnittmenge dessen, was wir taten, war grösser als gedacht. Durch unsere gemeinsame Arbeit am Buch haben wir es herausgefunden.

Zunächst einmal sind wir beide Entwickler. Bernhards Leidenschaft gilt der Entwicklung von Menschen und ihren Potenzialen, von Unternehmen und ihren Strukturen und Organisationseinheiten; meine der Entwicklung von Geschichten, von Themen (Stoffen) und Figuren, letztendlich von Manuskripten, die zu Büchern werden sollen.

Von besonderer Bedeutung ist dabei jedoch die Art und Weise, wie wir jeweils an unsere Aufgaben herangehen. Es klingt nach einer tollen Vereinfachung unserer beider Tätigkeiten, wenn ich sage: Im Zentrum unserer Arbeit steht die Ganzheitlichkeit. Und doch: Es ist der Blick für das

Ganze, der unsere Tätigkeitsfelder verbindet. Diese Vereinfachung muss gestattet sein, weil es darum geht, das grundlegende Handlungsmuster zu erkennen, ein Schema, nach dem wir immer wieder handeln, das Grundlage unserer Arbeit ist. Es ist kein akademisch-didaktisches Modell, aber sicher ein didaktisch-methodisches Konzept. Es ist das Fundament unserer Arbeitsarchitektur.

Gestatten Sie mir einen kurzen Ausflug: Der Begriff «Ganzheitlichkeit» ist in unserem Alltag inzwischen leider oft zu lesen oder zu hören. Und wie das so ist mit Begriffen, die oft bis inflationär benutzt werden, verliert ihre Wirkung an Kraft, je häufiger und unbedachter sie angewendet werden. Sie nutzen ab. Werden zu Allerweltsworten. Unser Ohr schenkt ihnen keine Aufmerksamkeit mehr. Unser Hirn misst ihnen kaum noch Bedeutung zu. Die Treffer, die sie erzielen, werden zufälliger. Wie bei einem MG, das wahllos Geschosse ausspuckt; irgendeines wird schon treffen.

Opfer unüberlegten Vielschwatzes wurden unter anderem bereits Begriffe wie Dynamik, Effizienz und neuerdings Nachhaltigkeit. Oft benutzt heisst eben nicht, treffend benutzt.

Wenn man aber einen Sachverhalt, einen Vorgang oder eine Denkweise beschreiben will, die man mit einem anderen Begriff treffender nicht beschreiben könnte, soll man den ursprünglichen Begriff bewusst einsetzen.

Treffend gewählt und gut aufgehoben ist der Begriff der Ganzheitlichkeit ganz sicher bei Bernhard Schweizer: Er betrachtet eine Sache in der systemischen Vollständigkeit aller Teile sowie in der Gesamtheit ihrer Eigenschaften und Beziehungen untereinander.

Ich tue das mit Einschränkung auch. Ich sage mit Einschränkung, weil diese Definition von Ganzheitlichkeit ganz gewiss für das Schreiben eines Sachbuches zutrifft, nicht aber für literarische Genres. Will ich über eine Sache schreiben, muss ich möglichst viel darüber in Erfahrung bringen, alle Teile und Aspekte vollständig erfassen und verstehen. Ich muss erkennen, welche Teilaspekte weniger wichtig und welche unabdingbar für das Buch sind. Ich muss filtern und feilen, extrahieren und verdichten. Nicht von ungefähr heisst es Dichtung oder Dichtkunst.

In dieser Übereinstimmung erkannten wir plötzlich unseren Schatz. Wir beschlossen den Eigensinn, der in uns steckte, in den Dienst des jeweils anderen zu stellen, und haben die Ganzheitlichkeit in der Retrospektive schliesslich zum Konzept für dieses Buch gemacht. Mein Anteil: Ich schreibe über Bernhard Schweizer und sorge für die Aussensicht auf die Person Bernhard Schweizer. Und Bernhard liefert seinen Teil, die Innenbetrachtung, indem er über seine Profession berichtet. So entsteht ein Gesamtbild von der Persönlichkeit und ihrer Tätigkeit. Was ganz viel Sinn ergibt. Denn Bernhard Schweizer ist die Personifizierung seiner Tätigkeit. Und diese Tätigkeit ist damit untrennbar mit der Person verbunden.

Das Buchkonzept ist damit auch ein Beleg dafür, wie aus losen Teilen etwas festes Ganzes wird, eine Einheit. Und nicht nur das; es zeigt auch, wie durch das Zusammenfügen – in diesem Fall aus eins plus eins plus eins – mehr als drei werden kann. Und das ist der Schatz der ganzheitlichen Betrachtung. In unserem Falle der Schatz, der aus zwei Eigensinnigen und ihren jeweiligen Professionen etwas Neues, Sinnvolles, Ganzheitliches hat entstehen lassen: das Buch. Ich durfte darin das erste Wort haben. Bernhard Schweizer soll das letzte Wort gehören. Es ist sein Buch:

«Bei allen Veränderungen, allem Wandel, den ich in den letzten fast zwanzig Jahren begleiten durfte, stellte ich immer wieder eines fest: Wandel orientiert sich an vier einfachen Erkenntnissen. Dabei ist es egal, ob es sich um private Veränderungen oder um geschäftliche handelt. Egal, ob die Veränderungen im Grossen oder im Kleinen stattfinden. Es sind diese vier Erkenntnisse: ‹Zuerst ignorieren sie dich, dann lachen sie über dich, dann bekämpfen sie dich und dann gewinnst du.›

Gandhi sollte Recht bekommen, mit dem was er, bezogen auf seine weltbedeutende Sicht in der Sache des Grossen, zum Ausdruck brachte. Und wenn ich dieses Zitat nun für meine, im Vergleich ‹kleinen› Angelegenheiten heranziehe, bitte ich um Nachsicht. Aber ich sage: Dies wird auch in unserer Sache so eintreffen, egal ob Sie daran glauben oder nicht. Und ich weiss, dass diese Tatsache, wenn richtig verstanden, den Sinn von Wandel erst logisch erklärbar (Kopf), emotional begreifbar (Herz) sowie zielführend (Hand) anwendbar macht.»

WANDEL

IGNORIEREN
LACHE
DAGEGEN SEIN   } UR WELT

GEWINNEN

KOPF
HERZ   } WANDEL →LERNEN
HAND

BERNHARD SCHWEIZER BIOGRAFISCH

Der Organisationsentwickler Bernhard Schweizer heisst nicht nur so, er ist Schweizer; Schweizer von Geburt. Den Beruf des Organisationsentwicklers hat er sich über viele Jahre erarbeiten müssen. Er hat Koch, Kellner und Bartender gelernt und es bis zum Küchenchef und Maître d'hôtel in Restaurants, Gourmetstuben und Luxusresorts gebracht.

Dann hat er die Praxis mit der Theorie verbunden: Managementausbildung an der Hotelfachschule Thun (Schweiz). Es folgten Wanderjahre: Manager in Scottsdale (Arizona), Wine-Taster im Napa Valley (Kalifornien), Harley-Tour-Guide auf der Route 66, dem Highway Nr. 1 sowie dem Highway Nr. 101. Es folgten weitere Kapitel der Ausbildung: in Marketing/Verkauf, Kommunikation, Methodik/Didaktik, Erwachsenenbildung, Mediation, HBDI, Spiral Dynamics integral (sdi) sowie in systemischem Coaching (persönlich erfahrene Anwendungen, Ausbildungen und Trainings seit 1990) in der Schweiz, in Deutschland, in Österreich und in den USA.

Zurück in der Schweiz, begann er ein Studium an der FHO St. Gallen, das er mit dem Master of Business Administration EMBA (FHSG/HSG) in Unternehmensführung mit Fachgebiet «Dienstleistungsmanagement» abschloss. Anschliessend hat er sich zum Executive Coach (FernUniversität Hagen, Deutschland) ausbilden lassen.

Weit über ein Jahrzehnt hinaus reicht auch seine Erfahrung als Dozent für Dienstleistungsmanagement, Verkauf und Rhetorik an der Hotelmanagementschule Thun (Schweiz).

2003 gründete er nach mehreren Jahren der Tätigkeit als Trainer, Dozent, Mitarbeiter- und Unternehmensentwickler sein eigenes Unternehmen: Gastfreundschaft Bernhard Schweizer GmbH (gastfreundschaft.ch). Seitdem ist er als Organisationsentwickler tätig. Er begleitet Menschen und Organisationen dabei, in ihrem Markt eine qualitative Differenzierung durch eine ganzheitliche, dienstleistungsorientierte Weiterentwicklung zu erreichen – und dann auch beizubehalten. Das zentrale Thema seiner Arbeit ist die Wendung; es ist der Wandel durch Veränderung hin zur Entwicklung in Richtung Business Excellence, und dies branchenunabhängig. Was er Menschen und Organisationen vermitteln darf, hat er durch langjährige Ausführungs- und Führungserfahrung selbst erlebt. Das Ziel am Ende des Tages lautet für ihn unmissverständlich: Wandel – durch dienstleistungsorientiertes Handeln zu gewinnorientiertem Wirken.

Er ist aber nicht nur Organisationsentwickler. Er ist auch Familienvater – ausserdem Motorradfahrer, Bogenschütze, Jäger, Fliegenfischer, Genussmensch, Autor, Naturfreund – und Original-Schweizer. Er ist im Berner Oberland geboren und lebt auch dort. Seine Kunden findet man jedoch in ganz Europa. Die Liste seiner Referenzen ist lang und zieht sich durch alle Branchen und Unternehmenswelten. Aus Gründen der Diskretion nennt er hier keinen einzigen Namen. Nur so viel: Seine Arbeit schätzen internationale Konzerne, KMU, Grossisten, Genossenschaften, Touristikverbände, Brauereien, Kreuzfahrtunternehmen, Pharma- und Industrieunternehmen, Medienhäuser, Kongressagenturen, Kongresscenter, Verkehrsdienstleister, Grossbanken, Regionalbanken, Verbände, Versicherungen, Designmöbelhersteller, Casinos, Spitäler, Arztpraxen u. v. m. sowie Executives (CEO, COO, CFO).

Sein Erfahrungshorizont: Entwicklungen (Coachings und Trainings) von Dienstleistungsunternehmen und Einzelpersonen im In- und Ausland in den Themenbereichen:

→ Organisationsentwicklung (OE)
→ Change/Wandel
→ Werte- und Bewusstseinsentwicklung
→ Führungskräfte-Entwicklung
→ Dienstleistungskompetenz-Entwicklung
→ Dienstleistungsmanagement
→ Dienstleistungsoptimierung
→ Teamentwicklung
→ Kommunikation und Wahrnehmung
→ Motivation
→ Marketing und Verkauf
→ Selbst-, Sozial-, Methoden- und Führungskompetenz
→ Service-Excellence
→ Leadership-Excellence
→ Konfliktmanagement (Mediation)
→ Training und Empowerment
→ Executive Coaching

Am Schluss dieses Kapitels möchten wir – ganz ohne Pathos – einige Sätze von Hermann Hesse anfügen; einfach, weil wir (Bernhard Schweizer und Holger Schaeben) es treffender kaum sagen können. Wir zitieren aus Hermann Hesses «Eigensinn macht Spass» [40].

«Es gibt für Jeden keinen anderen Weg der Entfaltung und Erfüllung als den der möglichst vollkommenen Darstellung des eigenen Wesens. Sei du selbst ist das ideale Gesetz (...), es gibt keinen anderen Weg zur Wahrheit und zur Entwicklung.»

«Da du nun einmal so bist, solltest du andere wegen ihres Andersseins weder beneiden noch verachten, und sollst nicht nach der Richtigkeit deines Wesens fragen, sondern sollst deine Seele und ihre Bedürfnisse ebenso hinnehmen wie deinen Körper, deinen Namen, deine Herkunft etc.: als etwas Gegebenes, Unentrinnbares, wozu man Ja sagen und wofür man einstehen muss, und wenn auch die ganze Welt dagegen wäre.»

«Wenn Sie dazu geboren sind, ein eigenes und kein Dutzendleben zu führen, so werden Sie den Weg zur eigenen Persönlichkeit und zum eigenen Leben auch finden, obwohl es ein schwerer Weg ist.»

«Ich lebe in meinen Träumen. Die anderen Leute leben auch in Träumen, aber nicht in ihren eigenen. Das ist der Unterschied. Meine Sache war, das eigene Schicksal zu finden, nicht ein beliebiges, und es in sich auszuleben, ganz und ungebrochen.»

«Es ist Einbildung, dass es keine Brücken zwischen Ich und Du gäbe, dass jeder einsam und unverstanden einhergehe. Im Gegenteil, das, was die Menschen gemeinsam haben, ist viel mehr und wichtiger, als was jeder Einzelne für sich hat und wodurch er sich von anderen unterscheidet.»

«Geben Sie sich nicht abschätzigen Selbstprüfungen und Selbstkritiken hin. Man kann eine einzelne Handlung, die man bereut, wohl kritisch und verurteilend betrachten, das ist nur recht; aber man soll nicht sich selber, so wie man in die Welt gestellt worden ist, abschätzig beurteilen, sondern erst einmal das, was man von Gott mitbekommen hat an Gaben und an Mängeln annehmen, Ja dazu sagen, und versuchen, das Beste daraus zu machen. Gott hat mit jedem von uns etwas gemeint, etwas versucht, und wir sind seine Gegner, wenn wir das nicht annehmen und ihm helfen, es zu verwirklichen.»

«Eine Persönlichkeit, ein einmaliger, eigener Mensch zu werden, ist nicht Jedem bestimmt, der Weg dahin hat Gefahren und bringt Schmerzen, er bringt aber auch Glück und Tröstungen, die die anderen nicht kennen.»

«Es gibt keine Wirklichkeit als die, die wir in uns haben. Darum leben die meisten Menschen so unwirklich, weil sie die Bilder ausserhalb für das Wirkliche halten und ihre eigene Welt in sich gar nicht zu Worte kommen lassen. Man kann glücklich dabei sein. Aber wenn man einmal das andere weiss, dann hat man die Wahl nicht mehr, den Weg der meisten zu gehen.»

«Wir können das nicht ändern, es wird immer so sein. Im Gegenteil: Je rascher sich die Menschheit vermehrt und je mehr technische Mittel sie besitzt, desto mehr wird sie verflacht und zum gleichförmigen Kollektiv werden. Für die Menschheit als Masse besteht die Aufgabe des Lebens nur in der möglichst reibungslosen Eingliederung und Anpassung, im Herabschrauben der persönlichen Verantwortlichkeit auf ein Minimum.»

«Wir anderen, die stets kleine Zahl der zu einem persönlichen, individuellen Leben Befähigten und Berufenen, haben vor der Masse die zarteren Sinne und die grössere Denkfähigkeit voraus, und diese Gaben können uns sehr viel Glück verschaffen. Wir sehen, hören, fühlen, denken genauer, empfänglicher, reicher an Nuancen, aber wir sind auch einsam und gefährdet. Wir müssen auf das Glück der verantwortungslosen Masse verzichten. Jeder von uns muss über sich selbst, über seine Gaben, Möglichkeiten und Eigenheiten Klarheit suchen und sein Leben in den Dienst der Vervollkommnung, der Selbstwerdung stellen. Wenn wir das tun, dann dienen wir auch zugleich der Menschheit, denn alle Werte der Kultur (Religion, Kunst, Dichtung, Philosophie etc.) entstehen auf diesem Weg. Auf ihm wird der oft verlästerte Individualismus zum Dienst an der Gemeinschaft und verliert das Odium des Egoismus.»

DANK AN ...

An dieser Stelle möchte ich, Bernhard Schweizer, einigen Menschen danken. Allen voran meinen Eltern Ida Schweizer und Walter Schweizer – dafür, dass Sie mich trotz der evolutionären Zufälligkeit meiner Zeugung, zehn und dreizehn Jahre nach meinen beiden Brüdern, liebevoll angenommen, nach bestem Wissen und Gewissen aufgezogen, immer unterstützt und mir in den Anfängen meiner beruflichen Laufbahn auch finanziell unter die Arme gegriffen haben. Danke, ich bin unheimlich stolz auf euch, auch wenn ich es wohl nicht immer zurückgeben konnte, jetzt leider gar nicht mehr – schön, dass es euch gab. Ich vermisse euch jeden Tag, seit nunmehr zehn Jahren.

Ich danke meinem Bruder Adrian Schweizer, dem dreizehn Jahre Älteren, dem Erstgeborenen. Ich danke dafür, dass er mich mit seiner Weisheit und seiner intellektuellen Begabung immer wieder auf neue Ideen gebracht hat. Ich danke, dass auch er mich ein Stück weit zu dem gemacht hat, was ich heute bin. Seine aufbauenden Grundlagenarbeiten zu den Themen Mediation, Coaching, Spiritualität, Kommunikation, NLP u. v. m. waren für mich Inspiration für vieles, was ich heute tue; nicht weniges in diesem Buch basiert auch auf der Arbeit meines Bruders. Als grosser Bruder hat er mir oft und in vielen menschlichen Dingen den Weg gezeigt; gegangen bin ich ihn selbst. Du, Adrian, hast mir nicht nur beruflich, sondern auch menschlich viele Lichter gezeigt. Ich danke dir. Dein Geist schwebt in allem, was ich geschrieben habe und noch tue, in irgendeiner magischen Art und Weise mit. Schön, dass es dich gibt – danke, dass du vorangegangen bist. www.adrianschweizer.ch

Ich danke meinem Bruder Beat Walter Schweizer, dem jüngeren Älteren. Ich danke für sein Vorbildsein. Er ist der einzig wahre Unternehmer in unserer Familie. Er hat es geschafft, als Primarschüler (oder «Sonderschüler», wie er sich selbst gerne scherzhaft nennt) eine liquide, stabile und rentable Firma aufzubauen und zeitweise über hundert Menschen zu ernähren; und dies nun schon über ein Vierteljahrhundert lang. Beat, du bist wahres Anti-Establishment, du bist der einzige wahre Rocker unserer Familie. Bescheiden, wo dich die Haut berührt. Du hast deine Güte nie von mir weichen lassen, auch nicht, als das Leben dich selbst prüfte. Vielleicht bist du mein einziger Freund. Ich denke mit Demut an dich – und das sollen die wenigen, die mein Buch lesen, ruhig erfahren. www.schweizermessebau.ch

Ich danke meiner Frau Diane Schweizer, die nun seit sechzehn Jahren an meiner Seite steht. Dafür, dass sie mir mit ihrer eigenen, zeitweise tragischen Geschichte zeigte, was wahre Grösse bedeutet und dass Veränderung, Erneuerung – auch unter medizinisch fast aussichtslosen Umständen – möglich ist.

Auch ihr Lebensweg hat mich zu dem werden lassen, was ich heute sein darf und was unsere Familie nährt. Hätte ihr Schicksal sich nicht gewendet, weiss ich nicht, ob ich das alles heute so tun würde oder könnte. Danke, dass du für mich da bist auch an den vielen Tagen, die ich unter dem Jahr nicht da bin – und dass du als meine Heldin des Alltags die Fragen der anderen nach meiner Abwesenheit mit einem Lächeln in Verständnis verzauberst.

Ich danke meinen Kindern, geblendet vom Vatersein, den Grössten auf dieser Welt; meinem Sohn Louis André Schweizer, dem quirligen, unwahrscheinlich wissbegierigen, oft auch rotzfrechen «Rocker». Ich bin dankbar, dass er mich als seinen Vater ausgesucht hat. Ich danke dir, Louis, für dein Spiegelbild, das du durch dein Sein in die Welt wirfst. Sei, wer du werden willst – ich stehe dir zur Seite. Du hast mein Ehrenwort. Ich danke meiner kleinen Tochter Ella Mattea Schweizer, zwei Jahre alt, die mir zeigt, was es heisst, ganzheitlich Vater zu werden. Ich danke dir, dass du mir mit deinen zwei Jahren zeigst, dass es keine Sprache braucht, um herzerwärmend zu kommunizieren.

Ebenfalls möchte ich meinem Ghost-Rider danken. Rider sage ich absichtlich; Business-Rocker haben nunmal Ghost-Rider und keine Ghost-Writer. Lieber Holger, danke für dein unermüdliches und liebevolles «Kümmern», weit über deine bezahlte Arbeit hinaus. Danke, dass du mich in den letzten zwei Jahren in meinem Buchprojekt und in vielen daraus entstandenen Projekten begleitet hast, im wahrsten Sinne mein Schatten warst, mich immer wieder in den Hintern getreten hast, den Mund zu öffnen und zu sagen, wer ich bin, was ich tue. Das interessiere die Leute. Wir werden sehen. So oder so habe ich einen Freund fürs Leben gewonnen. Danke. www.schaebenschreibt.ch

Und dann sind da noch im Speziellen zu nennen: Barbara Tesch (danke für dein Licht), Beat Krippendorf (du gehst schon lange voran, warst vielen Mentor, auch mir), Christoph Rohn (danke, dass du an mich glaubtest), Renato Musch (Kein Light-Typ, aber alles andere als «Zero» – danke), Leonidas Schafferer (so tief, so echt, als würden wir uns seit tausend Jahren nahe stehen – danke), Ernst Zehnder (es gibt nur einen wie dich: ganzheitlich, ganz), Urs Bachmann (danke, dass du mir Mut zugesprochen hast, meine Selbstständigkeit konsequent zu verfolgen), Erich Krehnslehner (durch dich hat der Bogen mich gefunden), Bernd Neuffer (deine Freundschaft berührt mich auch über die Distanz tief – danke für alles), Beat Witter (mein Buddy seit eh und je, vereint in der Seele und mit Sicherheit im Geiste), Steve Schué (auch wenn wir uns nicht mehr so nahestehen, du wirst immer ein Freund bleiben – dein Handeln vor zehn Jahren werde ich nie vergessen), Daniel Ruoss (eine Seele von Mensch, ein wahrer Freund, immer da, immer echt), Markus Graber (Hand-Werker, tief drin, auch wenn der Anzug dich anders wirken lässt – immer geerdet), Bruno Ballweg (danke dir, dass ich voll durchziehen darf), Carmen Collenberg (lange und immerwährend: Freundin), Familie 7-Reucher (echt, anders, herzlich), Barbara Stauffer (danke), Bernhard Kurth (mein diagnostisch-empirisches Gewissen, keiner so analytisch, keiner so versiert), Oliver Tjaden (deine Bilder sprechen Bände – danke), Alex Ziegler (einfach, komplex, ausdrucksstark), Christoph Niermann (klar in der Form – danke).

Auch möchte ich diejenigen nicht vergessen, denen ich hier vergessen habe zu danken. Einige habe ich absichtlich nicht aufgeführt, jedoch aus liebevollen Gründen. Diejenigen, die das angeht, wissen das. Danke.

Meinen Kunden möchte ich ebenfalls meinen tiefsten Dank aussprechen. Sie haben mich zu dem geformt, was ich heute sein darf. Ich bin sehr dankbar und stolz, für Sie tätig sein zu dürfen.

Bernhard Schweizer, im Juli 2015

QUELLENVERZEICHNIS UND ANMERKUNGEN

1) Kurt Marti (* 31.1.1921 in Bern), Schweizer Pfarrer und Schriftsteller, Quelle: http://www.zitate.de/autor/Marti,+Kurt

2) DIE WELT, «Davor flüchten wir an den tollen Tagen», von Victor Gojdka, Quelle: http://www.welt.de/regionales/koeln/article125308451/Davor-fluechten-wir-an-den-tollen-Tagen.html

3) INFOQUELLE Wirtschaftsmagazin, «Soft Skills: Was steckt dahinter?» Quelle: http://www.infoquelle.de/Job_Karriere/Wissensmanagement/Soft_skills.php

4) FOCUS, «Für eine bessere Ausstrahlung», Quelle: http://www.focus.de/wissen/mensch/charisma/experten-tipps_aid_27177.html

5) Clare W. Graves (* 21.12.1914 in New Richmond, Indiana; † 3.1.1986), US-amerikanischer Professor für Psychologie und Begründer der Ebenentheorie der Persönlichkeitsentwicklung, Quelle: http://de.wikipedia.org/wiki/Clare_W._Graves

6) managerseminare, Heft 57, Juni 2002, «Der mit dem ganzheitlichen Blick, Quelle: http://www.managerseminare.de/ms_Heft/managerseminare-Heft-57,154055

7) Johann Wolfgang von Goethe, «Zahme Xenien», C.H.Beck, 2014, Quelle: http://www.chbeck.de/Goethe-Wolfgang-von-Zahme-Xenien/productview.aspx?Product=13673168

8) Ken Wilber, «Vater» der Integral-Theorie, * 31.1.1949 in Oklahoma City; Wilber befasst sich mit der Zusammenführung von Philosophie, Wissenschaft und Religion, mit dem Verknüpfen von den Erfahrungen der Mystiker und der Meditation mit denen der modernen Forschung. Quelle: http://de.wikipedia.org/wiki/Ken_Wilber

9+10) Spiral Dynamics ist eine Theorie über die Entwicklung von menschlichen Problemlösungskonzepten, die von Don Beck und Chris Cowan auf der Grundlage der Theorien von Clare W. Graves entwickelt und 1996 im gleichnamigen Buch (deutsche Ausgabe 2007) vorgestellt wurde [Bernhard Schweizer wurde von Don Beck ausgebildet]. Es war ursprünglich für ein Manager-Publikum konzipiert, fand aber wegen der griffigen Beschreibung von Kultur und Psyche des Menschen auch andere Leser. Spiral Dynamics ist ein eingetragenes Warenzeichen des National Values Center. Quelle: http://de.wikipedia.org/wiki/Spiral_ Dynamics

11) Die HBDI®-Denkstilanalyse hat sich als weltweit angesehenes Instrument für Persönlichkeitsentwicklung, Personalarbeit, Potenzialanalyse und für die Entwicklung von Teams, als Grundlage für denkstilgerechte Trainings, als Hebel für die Steigerung von Kreativität und Innovation sowie als Werkzeug für Excellence von Information und Kommunikation etabliert. Die Bedeutung der Einmaligkeit von Personen für Individual- und Unternehmenserfolge wird zunehmend wahrgenommen. Quelle: http://www.hbdi.de/

12) Douglas Murray McGregor (* 1906 in Detroit; † 1.10.1964 in Massachusetts), US-amerikanischer Professor für Management am Massachusetts Institute of Technology (MIT). Er gilt als einer der Urheber des zeitgenössischen Managementgedankens. Die Theorien X und Y und Z beschreiben zwei Menschenprofile, die nach McGregor in Unternehmen zu finden sind. McGregor steckte für seine X- und Y-Kategorisierung viel Kritik ein. Kritiker waren überzeugt, dass die Theorien X und Y sich gegenseitig ausschliessen würden. 1964 stellte McGregor die Synthese der beiden Theorien auf: Theorie Z. Quelle: http://de.wikipedia.org/ wiki/Douglas_McGregor

13) José Ortega y Gasset (* 9.5.1883 in Madrid; † 18.10.1955), spanischer Philosoph, Soziologe und Essayist. Quelle: http://www.zitatenschatz. de/zitate_nach_herkunft.php?0id=1018

14) Abraham Harold Maslow (* 1.4.1908 in Brooklyn, New York City; † 8.6.1970 in Menlo Park, Kalifornien), US-amerikanischer Psychologe. Er gilt als einer der Gründerväter der Humanistischen Psychologie. 1954 erschien sein Buch «Motivation and Personality». Die Darstellung der

Maslow'schen Bedürfnishierarchie in Form einer Pyramide wird Maslow fälschlicherweise persönlich zugeschrieben, ist aber tatsächlich eine spätere Interpretation seiner Arbeit durch Dritte, war aber auf jeden Fall schon 1970, in Maslows Todesjahr, bekannt. Quelle: wikipedia.org/wiki/Maslowsche_Bedürfnishierarchie

15) Die Pyramidendarstellung verleitet vor allem zu einer allzu statischen Sicht auf Maslows dynamisches Modell. Das hat denn auch zu vielen Missverständnissen und unbegründeter Kritik geführt. Eklatantes Beispiel solch einer Fehlinterpretation ist etwa die Annahme, die Bedürfniskategorien seien streng diskret angeordnet und eine Bedürfniskategorie müsse erst zu 100 Prozent befriedigt werden, bevor die nächste Kategorie von Bedürfnissen motivierend wirken könne. Häufig reicht jedoch schon ein Befriedigungsgrad von 70 Prozent oder weniger aus, um das nächsthöhere Bedürfnis in den Vordergrund treten zu lassen. Der empfundene Sättigungsgrad variiert zudem stark mit den individuellen Erwartungen. Quelle: wikipedia.org/wiki/Maslowsche_Bedürfnishierarchie

16) Spiral Dynamics ist ein auf breiter empirischer Basis gewonnenes Modell von Ken Wilber. Er erklärt dazu: «In Integrale Psychologie präsentiere ich Übersichten, welche die Arbeit von über 100 Entwicklungspsychologen zusammenfassen, aus Ost und West, aus früheren Zeiten, modern und postmodern. Spiral-Dynamics ist nur eine dieser 100, doch ich verwende es in letzter Zeit ziemlich oft, weil es einfach und leicht zu verstehen ist, auch für Anfänger. Basierend auf intensiven Forschungen, begonnen von Clare Graves, sieht Spiral-Dynamics (entwickelt von Don Beck und Christopher Cowan) die Entwicklung oder Evolution der Menschen durch acht grosse Wellen des Bewusstseins. Der Einfachheit halber werde ich meine Zusammenfassung aus Ganzheitlich Handeln hier wiedergeben.» Quelle: http://integralesleben.org/de/il-home/il-integrales-leben/grundlagen-des-integralen/linien-der-entwicklung/spiral-dynamics/

17) Resilienzforschung untersucht Fähigkeiten und Einstellungen, die Krisen überstehen lassen. Genetiker sprechen von einer Erbanlage,

Bindungsforscher von Vertrauensbildung und Selbstwertgefühl, die sich in den ersten Lebensjahren entwickeln müssen. Aber zur Resilienz gehört mehr: Sie ist nicht unumstösslich schicksalhaft gegeben, sie umfasst auch Techniken und Strategien, die erlern- und trainierbar sind. Quelle: http://www.3sat.de/page/?Source=/scobel/174023/index.html

18) «9 Dinge, die erfolgreiche Menschen niemals tun», von Dr. Travis Bradberry, Autor von «Emotional Intelligence 2.0», Quelle: http://www.huffingtonpost.de/dr-travis-bradberry/9-dinge-die-erfolgreiche-menschen-niemals-tun_b_6122200.html

19) Robert Brian Dilts (* 21.3.1955), US-amerikanischer Autor, Trainer und Berater im Bereich des Neuro-Linguistischen Programmierens (NLP). Der Begriff der logischen Ebenen wurde durch Dilts Mitte der 80er Jahre etabliert. Er selber bezieht sich bei seinem Modell auf die logischen Ebenen des Lernens und der Veränderung von Gregory Bateson, dem wiederum die Theorie der logischen Typen in der Mathematik von Bertrand Russell vorhergeht. Bei Dilts handelte es sich zunächst um fünf Ebenen: 1. die Umwelt (environment and external constraints), 2. das Verhalten (behavior), 3. die Fähigkeiten (capability), 4. die Überzeugungen (belief systems) und 5. die Identität (identity). Erst später kam die Zugehörigkeit hinzu. Heute unterscheidet man zwischen sechs bis zehn Ebenen.

20) NLP-Portal, Quelle: http://nlpportal.org/nlpedia/wiki/Logische_Ebenen

21) Friedrich Glasl (* 23.5.1941 in Wien), österreichischer Ökonom, Organisationsberater und Konfliktforscher. Auf der Grundlage der Arbeiten von Bernard Lievegoed[22], der das systemisch-evolutionäre Geschehen dynamischer Organisationsentwicklung in drei Phasen darstellte und veröffentlichte, erweiterte Glasl dieses Modell um eine vierte Phase (1. Pionierphase → 2. Differenzierungsphase → 3. Integrationsphase → 4. Assoziationsphase). Die Phasen werden von Glasl und Lievegoed unter anderem anhand des Wandels von sieben Wesenselementen

charakterisiert, die so wiederum eine Diagnose der aktuellen Prozesse und vorherrschenden Subsysteme innerhalb einer Organisation ermöglichen (soziales Subsystem; technisch-instrumentelles Subsystem; kulturelles Subsystem). Als Wesenselemente werden von Glasl und Lievegoed 1. Identität, 2. Policy, Leitsätze, Programme, 3. Struktur (Aufbauorganisation), 4. Menschen, 5. Einzelfunktionen, 6. Ablauforganisation und 7. physische Mittel benannt. Quelle: wikipedia.org

22) Bernard Lievegoed (* 2.9.1905 in Medan, Sumatra; † 12.12.1992 in Zeist, Niederlande), niederländischer Arzt, Sozialökonom und Anthroposoph

23) Anmerkung des Autors: als Erscheinungsform des Geistes

24) integralesleben.org, Quelle: http://integralesleben.org/home/il-integrales-leben/grundlagen-des-integralen/quadranten/

25) Don Edward Beck (* 1937), US-amerikanischer Managementberater. Aus dem Werk seines Mentors Clare Graves entwickelte Beck sein Modell vom Wertewandel und vom Wandel der Kulturen (die «Spiral Dynamics»). Quelle: http://de.wikipedia.org/wiki/Don_Beck

26) «Menschen denken ganz unterschiedlich. (...) Mitarbeiter in einem Unternehmen haben ganz unterschiedliche Vorstellungen von dessen Strategie, Auftrag und Sinn. Staaten auf demselben Planeten existieren kulturell und politisch in völlig verschiedenen Welten. Warum? Spiral Dynamics™ (abgekürzt auch SD™) gibt einen Schlüssel zu den verschiedenen Antworten auf diese Frage. Es ist ein Modell, das es erlaubt, über diese Vielschichtigkeit der menschlichen Existenz nachzudenken und etwas Ordnung und Vorhersehbarkeit in das scheinbare Chaos der menschlichen Angelegenheiten zu bringen. Es liefert einen begrifflichen Rahmen, um die Entwicklung von Weltanschauungen zu verstehen, und ein theoretisches Gerüst zur Analyse von Situationen und zur Planung geeigneter Massnahmen.» Quelle: http://www.spiraldynamics.eu/Spiral_Dynamics_DE-AT-CH/Uber_SD.html

27) Clare W. Graves, Quelle: http://de.wikipedia.org/wiki/Clare_W._Graves

28) spiraldynamics.eu, Quelle: http://www.spiraldynamics.eu/Spiral_Dynamics_DE-AT-CH/Uber_SD.html

29) spiraldynamics.eu, Quelle: http://www.spiraldynamics.eu/Spiral_Dynamics_DE-AT-CH/Uber_SD.html

30) spiraldynamics.eu, Quelle: http://www.spiraldynamics.eu/Spiral_Dynamics_DE-AT-CH/Uber_SD.html

31) Eine Aussage ist genau dann falsifizierbar, wenn es einen Beobachtungssatz gibt, mit dem die Aussage angreifbar ist; der sie also widerlegt, wenn er zutrifft. Falsifizierbarkeit ist ein Kriterium, das empirische von nichtempirischen Aussagen abgrenzen soll. Eine Theorie ist demnach dann empirisch, wenn es mindestens einen Beobachtungssatz gibt, dessen empirische Prüfung logisch zu einem Widerspruch führen kann: «Morgen regnet es» ist falsifizierbar, nicht jedoch «Morgen regnet es oder regnet es nicht.»

32+33) huffingtonpost.de, «Der Burger-Riese taumelt: So hat McDonald's den Wandel in der Gastro-Branche verschlafen», Quelle: http://www.huffingtonpost.de/2014/02/11/mcdonalds-wandel-gastrobranche-verschlafen_n_4765037.html

34) International Association of Facilitators (IAF), Quelle: http://www.iaf-world.org/site/

35) John Paul Kotter (* 1947). US-amerikanischer Professor für Führungsmanagement an der Harvard Business School. Bekannt für seine Arbeiten im Bereich Veränderungsmanagement. Gründer und Vorsitzender von Kotter International. Quelle: http://de.wikipedia.org/wiki/John_P._Kotter

36) DER SPIEGEL, «Das Dienstleistungsgewerbe könnte zum Beschäftigungsmotor der Zukunft werden» (Ausgabe 51/1995), Quelle: http://www.spiegel.de/spiegel/print/d-9248874.html

37) Eugen Herrigel, «Zen in der Kunst des Bogenschiessens», Verlag O. W. Barth, Februar 2003

38) Ballg Pfeil- und Bogenmanufaktur, Quelle: http://www.ballg.de/

39) Kompetenzstufenentwicklung, Quelle: http://de.wikipedia.org/wiki/ Kompetenzstufenentwicklung

40) Hermann Hesse, «Eigensinn macht Spass: Individuation und Anpassung», Suhrkamp Verlag, März 1986

LITERATURANHANG
(nach Autoren, alphabetisch)

Helga Baureis: Fit von neun bis fünf − Energie- und Konzentrationstipps für den Büroalltag, Orell Füssli Verlag, 1. Auflage 2009

Don Edward Beck/Christopher C. Cowan: Spiral Dynamics − Leadership, Werte und Wandel − Eine Landkarte für Business, Politik und Gesellschaft im 21. Jahrhundert, Kamphausen Verlag, 1. Auflage 2007

Christina Berndt: Resilienz − Das Geheimnis der psychischen Widerstandskraft − Was uns stark macht gegen Stress, Depressionen und Burn-out, Deutscher Taschenbuch Verlag, 1. Auflage 2013

Wolfgang Bilinski: Phönix aus der Asche − Resilienz − wie erfolgreiche Menschen Krisen für sich nutzen, Haufe Verlag, Auflage 2010

David Bosshart: The Age of Less − Die neue Wohlstandsformel der westlichen Welt, Murmann Verlag, 1. Auflage 2011

Hamid Bouchikhi/John R. Kimberly: The Soul of the Corporation − How to Manage the Identity of Your Company, Prentice Hall, 1. Auflage 2007

Dieter Brandes/Nils Brandes: Einfach managen − Komplexität vermeiden, reduzieren und beherrschen, Redline Verlag, 2. Auflage 2013

Ulf Brandes/Pascal Gemmer/Holger Koschek/Lydia Schültken: Management Y − Agile, Scrum, Design Thinking & Co. − So gelingt der Wandel zur attraktiven und zukunftsfähigen Organisation, Campus Verlag, 1. Auflage 2014

Jeff Brown/Mark Fenske: So denken Gewinner − Warum Erfolg wenig mit IQ zu tun hat und andere Ergebnisse der Hirnforschung − Die 8 entscheidenden Strategien, Goldmann Arkana Verlag, 1. Auflage 2011

Beate Brüggemeier: Wertschätzende Kommunikation im Business − Wer sich öffnet, kommt weiter, Junfermann Verlag, 1. Auflage 2010

Ram Charan/Noel M. Tichy: Every Business Is a Growth Business – How Your Company Can Prosper Year After Year, Crown Business, 1. Auflage 2000

Dan S. Cohen/John Kotter: The Heart of Change – Real-Life Stories of How People Change Their Organizations, Harvard Business Review Press, 1. Auflage 2012

Jim Collins/Morten T. Hansen: Oben bleiben – Immer, Campus Verlag, 1. Auflage 2012

Roger Connors/Tom Smith: Change the Culture, Change the Game, Portfolio, 1. Auflage 2011

Stephen R. Covey: Die 7 Wege zur Effektivität – Prinzipien für persönlichen und beruflichen Erfolg, GABAL Verlag, 33. Auflage 2015

Stephen R. Covey/Jennifer Colosimo: Great Work, Great Career – How to Create Your Ultimate Job and Make an Extraordinary Contribution, Franklin Covey, 1. Auflage 2009

Stephen R. Covey: Der 8. Weg – Mit Effektivität zu wahrer Grösse, GABAL Verlag, 8. Auflage 2006

Stephen R. Covey: Die sieben Wege zur Effektivität - Ein Konzept zur Meisterung Ihres beruflichen und privaten Lebens, Heyne Verlag, 1. Auflage 2000

Stephen R. Covey/A. Roger Merrill/Rebecca R. Merrill/Alexandra Altmann: Der Weg zum Wesentlichen – Zeitmanagement der vierten Generation, Campus Verlag, 7. Auflage 2014

Mihaly Csikszentmihalyi: Flow im Beruf – Das Geheimnis des Glücks am Arbeitsplatz, Klett-Cotta Verlag, 1. Auflage 2014

Richard L. Daft/Robert H. Lengel: Fusion Leadership, Berrett-Koehler Verlag, 1. Auflage 2000

Stanislas Dehaene/Helmut Reuter: Denken – Wie das Gehirn Bewusstsein schafft, Albrecht Knaus Verlag, 1. Auflage 2014

Bob Dignen/Ian McMaster: Communication for International Business – The Secrets of Excellent Interpersonal Skills, Collins, 1. Auflage 2013

Robert B. Dilts/Theo Kierdorf: Die Magie der Sprache – Angewandtes NLP, Junfermann Verlag, 4. Auflage 2008

Klaus Doppler/Christoph Lauterburg: Change Management – Den Unternehmenswandel gestalten, Campus Verlag, 13. Auflage 2014

Andreas Drosdek: Platon für Manager, Campus Verlag, 1. Auflage 2012

Andreas Drosdek: Nietzsche für Manager – Mit Mut zum Erfolg, Campus Verlag, 1. Auflage 2008

Andreas Drosdek: Hagakure für Führungskräfte – Der Weg des Samurai, Ueberreuter Wirtschaftsverlag, 1. Auflage 2002

Charles Duhigg: Die Macht der Gewohnheit: Warum wir tun, was wir tun, Piper Taschenbuch, 2. Auflage 2013

Veit Etzold und Thomas Ramge: Equity Storytelling – Think – Tell – Sell. Mit der richtigen Story den Unternehmenswert erhöhen, Springer Gabler Verlag, 1. Auflage 2014

Werner Ehrhardt/Thomas Schneider: Erfolgreich streiten – Wie man seine Ziele durchsetzt und trotzdem alle gewinnen, Südwest Verlag, 1. Auflage 2013

Angelika Flechsig/Reiner Ponschab/Adrian Schweizer: Mediation und Litigation, Verlag FernUniversität Hagen, Fachbereich Rechtswissenschaft, 1999

Holm Friebe: Die Stein-Strategie – Von der Kunst, nicht zu handeln, Heine Verlag, 1. Auflage 2015

Urs Fueglistaller: Dienstleistungskompetenz: Strategische Differenzierung durch konsequente Kundenorientierung, Versus Verlag, 1. Auflage 2008

Werner T. Fuchs: Warum das Gehirn Geschichten liebt – Mit den Erkenntnissen der Neurowissenschaften zu zielgruppenorientiertem Marketing, Haufe Verlag, 2. Auflage 2013

Michael Gazzaniga/Dagmar Mallett: Die Ich-Illusion – Wie Bewusstsein und freier Wille entstehen, Carl Hanser Verlag, 1. Auflage 2012

Ansgar Gerstner/Karoline Tschuggnall: Das Tao im Management, Wiley-VCH Verlag, 1. Auflage 2010

Adrian Gostick/Chester Elton: How the Best Managers Create a Culture of Belief and Drive Big Results, Free Press, 1. Auflage 2012

Anna Hausser: Ja, ich lebe, wer ich bin: menschsein – selbstsein – humandesign, Amazon (Kindle-Edition)

Jürg Honegger: Vernetztes Denken und Handeln in der Praxis – Mit Netmapping und Erfolgslogik schrittweise von der Vision zur Aktion, Versus Verlag, 3. Auflage 2008

Matthias Horx: Das Megatrend-Prinzip – Wie die Welt von morgen entsteht, Pantheon Verlag, 1. Auflage 2014

Matthias Horx: Das Buch des Wandels – Wie Menschen Zukunft gestalten, Pantheon Verlag, 1. Auflage 2011

Matthias Horx: Anleitung zum Zukunfts-Optimismus – Warum unsere Welt nicht schlechter wird, Campus Verlag, 1. Auflage 2007

Matthias Horx/Jeanette Huber/Andreas Steinle/Eike Wenzel: Zukunft machen – Wie Sie von Trends zu Business-Innovationen kommen, Campus Verlag, 1. Auflage 2007

Daniel Kahneman: Schnelles Denken, langsames Denken, Siedler Verlag, 13. Auflage 2014

Ron Kaufman: Uplifting Service – The Proven Path to Delighting Your Customers, Colleagues, and Everyone Else You Meet, Evolve Publishing, 2. Auflage 2012

Klaus Kobjoll: Motivaction – Begeisterung ist übertragbar, Orell Füssli Verlag, 1. Auflage 2005

Klaus Kobjoll/Roland Berger: TUNE – Neue Wege zur Kundengewinnung und -bindung, Orell Füssli Verlag, 1. Auflage 2004

Philip Kotler/David Hessekiel/Nancy R. Lee: Good Works! Wie Sie mit dem richtigen Marketing die Welt – und Ihre Bilanzen verbessern, GABAL Verlag, 1. Auflage 2013

Philip Kotler/John A. Caslione: Chaotics – Management und Marketing für turbulente Zeiten, mi-Wirtschaftsbuch, 1. Auflage 2009

Manfred F. R. Kets de Vries: Führer, Narren und Hochstapler – Die Psychologie der Führung, Schäffer-Poeschel Verlag, 2. Auflage 2008

John P. Kotter: Leading Change – Wie Sie Ihr Unternehmen in acht Schritten erfolgreich verändern, Vahlen Verlag, 1. Auflage 2011

Jeffrey A. Krames: Peter F. Druckers kleines Weissbuch – Quintessenzen aus dem Lebenswerk eines aussergewöhnlichen Denkers, finanzbuch Verlag, 1. Auflage 2009

Herbert Kubat: Führen wie ein Samurai – Mentale Stärke – Schlagkraft im Handeln, Orell Füssli Verlag, 1. Auflage 2007

Marion Küstenmacher/Tilmann Haberer: Gott 9.0 – Wohin unsere Gesellschaft spirituell wachsen wird, Gütersloher Verlagshaus, 6. Auflage 2010

Valentin N. J. Landmann: Jetzt wird's kriminell – Trust me – Die Psychologie der Wirtschaftskriminalität, Stämpfli Verlag, 1. Auflage 2013

Patrick Lencioni: Der Vorteil – Warum nur vitale und robuste Unternehmen in Führung gehen, Wiley-VCH Verlag, 1. Auflage: 1. Auflage 2013

Patrick Lencioni/Andreas Schieberle: Die 5 Dysfunktionen eines Teams, Wiley-VCH Verlag, 1. Auflage 2014

Jay Conrad Levinson: Guerilla Management – Werte und Visionen auf dem Weg ins 21. Jahrhundert, Campus Verlag, 2. Auflage 2011

Steven D. Levitt/Stephen J. Dubner: Think like a Freak! Andersdenker erreichen mehr im Leben!, Riemann Verlag, 1. Auflage 2014

Roman Lombriser/Peter Abplanalp: Strategisches Management – Visionen entwickeln, Erfolgspotenziale aufbauen, Strategien umsetzen, Versus Verlag, 5. Auflage 2010

Joseph M. Marshall: Bleib auf deinem Weg – Die Weisheit eines alten Indianers, Verlag Herder, 8. Auflage 2007

Anna Meyer: Unternehmerfamilie und Familienunternehmen Erfolgreich führen – Unternehmertum fördern, Führungskultur entwickeln, Konflikte konstruktiv lösen, Gabler Verlag, 1. Auflage 2007

Matthias Meyer/Tim Schlotthauer: Elevator-Pitching – Erfolgreich akquirieren in 30 Sekunden, Gabler Verlag, 1. Auflage 2009

Meinhard Miegel: Hybris – Die überforderte Gesellschaft, Propyläen Verlag, 1. Auflage 2014

Nikos Mourkogiannis/Gregor Vogelsang/Stefanie Unger: Der Auftrag – Was grossartige Unternehmen antreibt, Wiley-VCH Verlag, 1. Auflage 2007

Sendhil Mullainathan/Eldar Shafir: Knappheit – Was es mit uns macht, wenn wir zu wenig haben, Campus Verlag, 1. Auflage 2013

Gary L. Neilson/Bruce A. Pasternack: Erfolgsfaktor Unternehmens–DNA – Die vier Bausteine für effektive Organisationen, Campus Verlag, 1. Auflage 2006

Michael Niehaus/Roger Wisniewski: Management by Sokrates – Was die Philosophie der Wirtschaft zu bieten hat, Cornelsen Verlag, 1. Auflage 2009

Alexander Osterwalder: Business Model Generation: Ein Handbuch für Visionäre, Spielveränderer und Herausforderer, Campus Verlag, 1. Auflage 2011

Anders Parment: Die Generation Y – Mitarbeiter der Zukunft motivieren, integrieren, führen, Gabler Verlag, 2. Auflage 2013

Rainer Ponschab/Adrian Schweizer/Barbara Genius: Kooperation statt Konfrontation, Verlag Dr. Otto Schmidt, 2. Auflage 2010

Reiner Ponschab/Adrian Schweizer: Die Streitzeit ist vorbei, Junfermann Verlag, 2004

Faith Popcorn: Clicking – Der neue Popcorn-Report, Heyne Verlag, 1. Auflage 1996

Mario Pricken: Die Aura des Wertvollen – Produkte entstehen in Unternehmen, Werte im Kopf – 80 Strategien, Publicis Publishing. 1. Auflage 2014

Markus Reiter: Lob des Mittelmasses, Oekom Verlag, 1. Auflage 2011

Hans-Peter Rentzsch: Der Samurai-Verkäufer – Die sieben Wege des Kriegers im gnadenlosen Wettbewerb, Gabler Verlag, 1. Auflage 2000

Kerstin Riedelbauch/Lothar Laux: Persönlichkeitscoaching – Acht Schritte zur Führungsidentität, Beltz Verlag, 1. Auflage 2011

Al Ries/Jack Trout: Wie Marken und Unternehmen in übersättigten Märkten überleben, McGraw-Hill, Vahlen Verlag, 1. Auflage 2001

Gerhard Roth: Persönlichkeit, Entscheidung und Verhalten – Warum es so schwierig ist, sich und andere zu ändern, Klett-Cotta Verlag, 1. Auflage 2015

Gerhard Roth: Bildung braucht Persönlichkeit – Wie Lernen gelingt, Klett-Cotta Verlag, 4. Auflage 2011

Ann Marie Sabath: International Business Etiquette Europe, iuniverse, 1. Auflage 2005

Claus Otto Scharmer: Theorie U – Von der Zukunft her führen, Carl-Auer Verlag, 1. Auflage 2014

Thomas Scheuer: Marketing für Dienstleister – Wie Sie unsichtbare Dienstleistungen erfolgreich vermarkten, Gabler Verlag, 2. Auflage 2011

Gerhard Schwarz: Führen mit Humor – Ein gruppendynamisches Erfolgskonzept, Gabler Verlag, 2. Auflage 2008

Adrian Schweizer/Reiner Ponschab/Gerhard Lochmann/Rouven Soudry/ Ivo Greiter: Schlüsselqualifikationen – Kommunikation, Mediation, Rhetorik, Verhandlung, Vernehmung, Verlag Dr. Otto Schmidt, 2008

Adrian Schweizer: Practitionergeschichten, Verlag FIRM – AnInstitut der FernUniversität Hagen, ohne Jahrgang

Adrian Schweizer: Mastergeschichten, Verlag FIRM – AnInstitut der FernUniversität Hagen, ohne Jahrgang

Adrian Schweizer: Sie irren sich, Herr Kollege! oder: Warum Anwälte nicht verhandeln können, DACH-Schriftenreihe, Band 12 Mediation, Verlag Dr. Otto Schmidt/Schulthess, 1999

Adrian Schweizer: Kooperatives Verhalten – die Alternative zum Rechtsstreit, in Haft/Schlieffen: Handbuch Mediation, Verlag C.H.Beck, 2002

Adrian Schweizer: Konflikte und wie wir sie lösen, Verlag FernUniversität Hagen, Fachbereich Rechtswissenschaft, 2002

Adrian Schweizer/Heike Tehnzen: Die Lösung des Problems erkennt man am Verschwinden des Problems – Business Coaching mit NLP, Verlag FIRM – AnInstitut der FernUniversität Hagen, ohne Jahrgang

Adrian Schweizer/Heike Tehnzen: Supplement zu: Die Lösung des Problems erkennt man am Verschwinden des Problems – Business Coaching mit NLP, Verlag FIRM – AnInstitut der FernUniversität Hagen, ohne Jahrgang

Mischa Seiter: Industrielle Dienstleistungen – Wie produzierende Unternehmen ihr Dienstleistungsgeschäft aufbauen und steuern, Springer Gabler Verlag, 1. Auflage 2013

Peter M. Senge: Die fünfte Disziplin – Kunst und Praxis der lernenden Organisation, Schäffer-Poeschel Verlag, 11. Auflage 2011

David Shenk: Das Genie in uns – Neue Erkenntnisse über Begabung und Intelligenz, Hoffmann und Campe Verlag, 1. Auflage 2012

Matthias Siebold: Dienstleistungscontrolling in der Praxis – Methoden, Handlungsanleitungen und Fallbeispiele, Wiley-VCH Verlag, 1. Auflage 2014

Fritz B. Simon: Die Familie des Familienunternehmens – Ein System zwischen Gefühl und Geschäft, Carl-Auer Verlag, 3. Auflage 2011

Fritz B. Simon: Einführung in die (System-)Theorie der Beratung, Carl-Auer Verlag, 1. Auflage 2014

Fritz B. Simon: Gemeinsam sind wir blöd!? Die Intelligenz von Unternehmen, Managern und Märkten, Carl-Auer Verlag, 4. Auflage 2013

Peter Spork: Wake up! Aufbruch in eine ausgeschlafene Gesellschaft, Carl Hanser Verlag, 1. Auflage 2014

Reinhard K. Sprenger: Die Entscheidung liegt bei dir! – Wege aus der alltäglichen Unzufriedenheit, Campus Verlag, 1. Auflage 2015

Reinhard K. Sprenger: Mythos Motivation – Wege aus einer Sackgasse, Campus Verlag, 20. Auflage 2014

Reinhard K. Sprenger: Radikal führen, Campus Verlag, 1. Auflage 2012

Reinhard K. Sprenger: Vertrauen führt – Worauf es im Unternehmen wirklich ankommt, Campus Verlag, 3. Auflage 2007

Julie Straw/Mark Scullard/Susie Kukkonen/Barry Davis: Work of Leaders – Das Führungsmodell – Drei Schritte zu besserem Führungsverhalten: Vision, Einklang und Umsetzung, Wiley-VCH Verlag, 1. Auflage 2014

Peter Thiel/Blake Masters: Zero To One – Wie Innovation unsere Gesellschaft rettet, Campus Verlag, 1. Auflage 2014

Wolfgang Walker: Abenteuer Kommunikation – Bateson, Perls, Satir, Erickson und die Anfänge des Neurolinguistischen Programmierens (NLP) (Konzepte der Humanwissenschaften), Klett-Cotta Verlag/J. G. Cotta'sche Buchhandlung Nachfolge, 4. Auflage 2014

Paul Watzlawick: Anleitung zum Unglücklichsein, Piper Verlag, 15. Auflage 2009

Paul Watzlawick: Wenn du mich wirklich liebtest, würdest du gern Knoblauch essen – Über das Glück und die Konstruktion der Wirklichkeit, Piper Verlag, 11. Auflage 2008

Paul Watzlawick: Menschliche Kommunikation – Formen, Störungen, Paradoxien, Verlag Hans Huber, 12. Auflage 2011

Paul Watzlawick: Man kann nicht nicht kommunizieren – Das Lesebuch, Verlag Hans Huber, 1. Auflage 2011

David Weinberger: Too big to know – Das Wissen neu denken, denn Fakten sind keine Fakten mehr, die Experten sitzen überall und die schlaueste Person im Raum ist der Raum, Hans Huber Verlag, 1. Auflage 2013

Harald Welzer: Selbst denken – Eine Anleitung zum Widerstand, Fischer Taschenbuch Verlag, 5. Auflage 2014

Ken Wilber: Eros, Kosmos, Logos: Eine Jahrtausend-Vision, Fischer Taschenbuch Verlag, 5. Auflage 2011

Ken Wilber: Integrale Vision – Eine kurze Geschichte der integralen Spiritualität, Kösel-Verlag, 3. Auflage 2009

Ken Wilber: Ganzheitlich handeln: Eine integrale Vision für Wirtschaft, Politik, Wissenschaft und Spiritualität, Arbor Verlag, 1. Auflage 2010

Ken Wilber: Integrale Lebenspraxis: Körperliche Gesundheit, emotionale Balance, geistige Klarheit, spirituelles Erwachen – Ein Übungsbuch, Kösel-Verlag, 4. Auflage 2010

Tsunetomo Yamamoto: Hagakure – Der Samurai-Weg, Angkor Verlag, 2. Auflage 2012